Tragverhalten von Slim Floor Decken mit Betonhohlplatten bei Raumtemperatur und Brandeinwirkungen

Walter Borgogno

Institut für Baustatik und Konstruktion
Eidgenössische Technische Hochschule Zürich

Dezember 1997

Vorwort

Der vorliegende von Herrn Walter Borgogno als Promotionsarbeit verfasste Bericht befasst sich mit dem Tragverhalten von Slim Floor Decken mit Betonhohlplatten bei Raumtemperatur und Brandeinwirkungen. Er entstand im Rahmen eines Forschungsprojektes zur Förderung von Flachdeckensystemen in Verbundbauweise durch Bereitstellung konstruktiver Details und gesicherter wissenschaftlicher Grundlagen.

Flachdeckensysteme in Verbundbauweise aus Betonfertigteilen und asymmetrischen Stahlträgern eignen sich dank der raschen und trockenen Bauweise bestens für Geschossbauten. Bei der Auflagerung von Betonhohlplatten auf einer starren Wand ist in der Regel der Biegewiderstand massgebend. In Verbundflachdecken erfolgt die Auflagerung auf nachgiebigen Deckenträgern. Dadurch entsteht eine Systemtragwirkung, welche die Betonhohlplatten zusätzlich beansprucht, sodass vermehrt der Schubtragwiderstand der Hohlplatten massgebend wird.

Im Brandfall entstehen durch den starken Temperaturgradienten zudem Eigenspannungen, welche zu einer Reduktion des Schubwiderstandes führen. Im weiteren wird die Vorspannung durch die Erwärmung der Litzen im Brandfall abgebaut und der Verbund geschädigt. Hohlplatten werden im Spannbett ohne schlaffe Bewehrung und ohne spezielle Endverankerung der Spannlitzen hergestellt und besitzen relativ dünne Stege, dadurch sind sie deutlich empfindlicher bezüglich Brandeinwirkung als normale schlaffbewehrte Betonteile.

Ausgehend von umfangreichen Kalt- und Brandversuchen an Hohlplatten und Deckenfeldern, welche im IBK Bericht Nr. 219 'Versuche zum Tragverhalten von Betonhohlplatten mit flexibler Auflagerung bei Raumtemperatur und Normbrandbedingungen' beschrieben sind, werden Tragmodelle zum Brand- und Systemverhalten von Slim Floor Decken entwickelt. Der Bericht zeigt zudem konstruktive Details zur Verbesserung des Tragverhaltens von Slim Floor Decken bei Brandeinwirkung. Die Erarbeitung der Tragmodelle erfolgte unter meiner Begleitung am Institut für Baustatik und Konstruktion, Stahl- und Holzbau der ETH Zürich durch Herrn Walter Borgogno. Er wurde insbesondere bei den Versuchen unterstützt durch die Herren H.P. Arm, P. Hefti und bei den Brandversuchen zusätzlich durch die Herren R. Zumbühl, U. Brunschweiler, R. Pasquariello und H. Blatter. Die Arbeiten wurden beraten durch die Herren Prof. Dr. H. Bachmann, Dr. G. Marchand, E. Brun, Ch. Gemperle, E. Marti, J.B. Schleich und R. Bossart. Die Arbeiten wurden finanziell unterstützt durch die Kommission für Technologie und Innovation (KTI) und die Industriepartner Brun AG, Emmen und Geilinger AG, Bülach. Allen Beteiligten möchte ich an dieser Stelle für Ihren Einsatz und die geleistete Arbeit danken.

Zürich, im Dezember 1997 M. Fontana

Inhaltsverzeichnis

Zusammenfassung	V
Résumé	VI
Summary	VII

1 Einleitung — 1

   1.1 Allgemeines — 1
   1.2 Problemstellung — 2
   1.3 Zielsetzung und Übersicht — 2
   1.4 Abgrenzung — 3

2 Grundlagen — 4

   2.1 Allgemeines — 4
   2.2 Beanspruchung infolge erhöhten Temperaturen — 4
      2.2.1 Temperatureinwirkungen und Feuerwiderstand — 4
      2.2.2 Thermische Eigenschaften von Beton und Stahl — 5
      2.2.3 Berechnung von Temperaturfeldern — 8
   2.3 Materialverhalten von Beton — 11
      2.3.1 Materialverhalten von Beton bei Raumtemperatur — 11
      2.3.2 Materialverhalten von Beton bei erhöhten Temperaturen — 12
   2.4 Materialverhalten von Stahl — 16
      2.4.1 Materialverhalten von Stahl bei Raumtemperatur — 16
      2.4.2 Materialverhalten von Stahl bei erhöhten Temperaturen — 16
   2.5 Verbundverhalten von Stahl und Beton — 19
      2.5.1 Verbundverhalten von Stahl und Beton bei Raumtemperatur — 19
      2.5.2 Verbundverhalten von Stahl und Beton bei erhöhten Temperaturen — 23
   2.6 Versagensarten von Betonbauteilen bei erhöhten Temperaturen — 29
      2.6.1 Zwang, Eigenspannungen und Gefügespannungen inf. Temperatur — 29
      2.6.2 Versagensarten von Bauteilen bei erhöhten Temperaturen — 30

3 Tragverhalten von Betonhohlplatten bei Raumtemperatur — 32

   3.1 Eigenschaften von Betonhohlplatten — 32
      3.1.1 Allgemeines — 32
      3.1.2 Verankerung der Vorspannlitzen — 32
      3.1.3 Eigenspannungszustand infolge Vorspannung — 36
   3.2 Versagensarten und Tragmodelle bei starrer Auflagerung — 38
      3.2.1 Allgemeines — 38
      3.2.2 Biegebruch — 38
      3.2.3 Verankerungsbruch — 40
      3.2.4 Biegeschubbruch — 42
      3.2.5 Schubzugbruch — 46

	3.2.6	Verbundversagen Betonhohlplatte-Überbeton	49
	3.2.7	Versagen durch Steglängsschubbruch	50

4 Tragverhalten von Betonhohlplatten bei erhöhten Temperaturen — 51

- 4.1 Zusammenstellung neuerer Brandversuche — 51
- 4.2 Beanspruchung bei erhöhten Temperaturen — 52
  - 4.2.1 Thermische Eigenspannungen — 52
  - 4.2.2 Äussere thermische Zwangspannungen — 60
  - 4.2.3 Innere thermische Zwangsspannungen — 61
  - 4.2.4 Einfluss der Vorspannung — 62
  - 4.2.5 Einfluss von äusseren Lasten — 63
  - 4.2.6 Mittlere Verbundfestigkeit bei erhöhten Temperaturen — 64
  - 4.2.7 Vereinfachte Spannungs-Dehnungs-Verteilung bei Rissebildung — 65
- 4.3 Versagensarten und neue Tragmodelle bei starrer Auflagerung — 68
  - 4.3.1 Biegebruch — 68
  - 4.3.2 Verankerungsbruch — 73
  - 4.3.3 Biegeschubbruch — 74
  - 4.3.4 Schubzugbruch — 76

5 Tragverhalten von Betonhohlplatten bei nachgiebiger Auflagerung — 79

- 5.1 Allgemeines — 79
- 5.2 Tragmodelle bei Raumtemperatur — 79
  - 5.2.1 Querverteilung von Lasten bei starrer Auflagerung — 79
  - 5.2.2 Tragmodell für die Trägernachgiebigkeit — 80
  - 5.2.3 Trägerrostmodell für die Trägernachgiebigkeit — 82
  - 5.2.4 Vergleich der verschiedenen Tragmodelle — 85
- 5.3 Tragmodell bei Normbrandbedingungen — 87

6 Tragverhalten von verstärkten Auflagern — 88

- 6.1 Allgemeines — 88
- 6.2 Vertikale Schubübertragung — 89
  - 6.2.1 Tragmodell für endverstärkte Hohlplatten — 89
  - 6.2.2 Anwendung auf die ETH-Versuche — 90
  - 6.2.3 Aufreissen der Betonhohlplatten — 92
  - 6.2.4 Verstärkung durch horizontale Bewehrung in den Hohlkörpern — 93
- 6.3 Schubwiderstand von endverstärkten Hohlplatten — 93
  - 6.3.1 Ausbetonierte Hohlkörper an den Enden — 93
  - 6.3.2 Einlagebewehrung — 94
  - 6.3.3 Umschnürungsbewehrung — 95

7 Tragverhalten der Verbundträger — 96

- 7.1 Tragverhalten der Verbundträger im Brandfalle — 96

8 Folgerungen und Ausblick — 97

- 8.1 Zusammenfassung und Folgerung — 97
- 8.2 Beurteilung der heutigen Bemessungsregeln und Normen — 97

8.3 Ausblick 98

Begriffe **99**

Bezeichnungen **101**

Literatur **103**

Zusammenfassung

Der Kostendruck im Bauwesen verlangt zunehmend rationelle und wirtschaftliche Baumethoden. Dies führt vermehrt zu Bauteilen, die industriell gefertigt und auf der Baustelle nur noch montiert werden müssen. Betonhohlplatten als Deckenelemente sowie Stahlträger- und -stützen für die dazugehörige Rahmenkonstruktion erfüllen diese Forderungen. Hohlplatten werden im Spannbett in Bahnen betoniert, sind durch Litzen im direkten Verbund vorgespannt und werden noch im Werk auf die verlangte Länge zugeschnitten. Eine industrielle Fertigung findet auch für die Stahlteile statt. Sämtliche Bauteile können "just-in-time" für die Montage auf die Baustelle geliefert werden, womit platzintensive Lager wegfallen. Die Deckenelemente von Slim Floor Decken werden nicht wie im traditionellen Verbundbau auf den Oberflansch eines Walzprofiles, sondern auf den Unterflansch eines asymmetrischen Stahlträgers gelegt. Mit dieser Bauweise erreicht man eine nahezu trockene Konstruktionsform mit den Vorteilen einer Flachdecke.

Der Stahlträger biegt sich unter dem Eigengewicht der Hohlplatten und den Nutzlasten durch und bildet für die Hohlplatten ein nachgiebiges Auflager. Dabei entsteht eine erhöhte Beanspruchung in den Randhohlplatten. Zusätzlich herrscht ein Verbund zwischen Hohlplatten und Unterflansch des Stahlträgers. Im Falle eines Brandes entsteht in den Hohlplatten eine Temperaturbeanspruchung in Form von Eigenspannungen und die Baustofffestigkeiten vermindern sich infolge Temperatur. Während die Eigenspannungen das Tragverhalten des Betons ungünstig beeinflussen, ist für den Stahlunterflansch vor allem die Festigkeitsreduktion infolge der starken Erwärmung von Bedeutung. Untersuchungen zum Schubtragverhalten der Hohlplatten im Auflagerbereich und zur Abtragung der Auflagerkräfte beim Ausfall des Stahlunterflansches fehlen noch weitgehend. Ziel dieser Arbeit ist die Entwicklung von entsprechenden Tragmodellen und deren Überprüfung durch an der ETH und am CTICM (Frankreich) durchgeführte Versuche.

Die Grundlagen für die Berechnung des Temperaturverlaufs im Querschnitt und für das Stoffverhalten von Beton, Stahl und Verbund bei erhöhten Temperaturen werden im zweiten Kapitel behandelt. Im dritten Kapitel werden die Resultate der ETH-Versuche bei Raumtemperatur mit bestehenden Tragmodellen für Hohlplatten verglichen. Sie dienen als Grundlage für Tragmodelle bei erhöhten Temperaturen. Das vierte Kapitel zeigt Verfahren zur Berechnung der Eigenspannungen infolge erhöhter Temperaturen. Es werden neue Tragmodelle bei Brandeinwirkung, insbesondere für das Schubtragverhalten, der Hohlplatten entwickelt und an den ETH- und CTICM-Versuchen überprüft. Das fünfte Kapitel analysiert das Tragverhalten bei nachgiebiger Auflagerung und vergleicht am VTT (Finnland) und an der ETH neu entwickelte Tragmodelle mit den VTT-Versuchen. Das sechste Kapitel zeigt Konstruktions- und Berechnungsmöglichkeiten zur Sicherung des Auflagers beim Ausfall des Stahlunterflansches im Brandfalle. Weiter wird die Auswirkung verschiedener konstruktiver Ausbildungsformen des Auflagerbereiches der Hohlplatten auf die Feuerwiderstandsdauer anhand von neuen Tragmodellen untersucht.

Die Ergebnisse dieser Arbeit zeigen, dass durch konstruktive Massnahmen im Auflagerbereich der Hohlplatten ein gutmütiges Tragverhalten sowohl bei Raumtemperatur als auch im Brandfalle erreicht werden kann. Entscheidend beeinflusst wird das Tragverhalten der Hohlplatten durch die Randbedingungen bei den Auflagern. Es sind Feuerwiderstandsdauern von über 90 Minuten mit duktilem Bruchverhalten möglich.

Résumé

Dans le domaine de la construction, le besoin de méthodes de construction rationnelles et économiques est en constante augmentation. Ce fait conduit à l'emploi d'éléments porteurs préfabriqués industriellement qui peuvent ainsi être montés plus rapidement sur chantier. Dans la construction de bâtiments, les dalles en béton alvéolé précontraintes ainsi que les colonnes et traverses métalliques visent à satisfaire ce besoin. Ces dalles sont bétonnées en ligne, précontraintes par fils adhérents et découpées en usine à la longueur demandée. La préfabrication existe également pour les éléments en acier. Tous les éléments porteurs peuvent être ainsi fournis sur chantier dans des délais fixés afin d'éviter des installations et dépôts encombrants sur place. Les dalles ne sont pas supportées par l'aile supérieure du profilé métallique comme en construction mixte traditionelle, mais par l'aile inférieure d'une poutre asymétrique. Grâce à cette méthode de construction, appelée Slim Floors, la construction se fait "à sec", avec les avantages d'une dalle à hauteur constante restreinte.

Les poutres métalliques fléchissent sous le poids des dalles en béton alvéolé ainsi que sous celui des charges et se comportent comme des appuis flexibles. Il en résulte une augmentation de la sollicitation dans les dalles constituant les éléments extrêmes des champs. En outre, il existe une adhérence indésirable entre les dalles et l'aile inférieure des profilés métalliques. En cas d'incendie, des autocontraintes d'origine thermique apparaissent, de même qu'une réduction de la résistance dûe à la température. Celle-ci a de plus une influence décisive sur la résistance de l'aile inférieure du profilé métallique. La résistance au cisaillement des dalles, ainsi que celle de l'aile inférieure du profilé métallique sous l'effet d'augmentation de température n'ont pas été étudiés jusqu'à présent. Le but du présent travail consiste donc à développer un modèle de comportement et à examiner la concordance entre les essais réalisés à l'ETH et ceux réalisés en France (CTICM).

Les bases pour le calcul des températures en section, ainsi que le comportement rhéologique du béton, de l'acier, et de la surface de contact entre les deux, sont étudiés dans le chapitre 2. Dans le troisième chapitre, les essais réalisés à température ambiante seront analysés par le biais de modèles existants. Ceux-ci serviront également de base à l'élaboration de modèles applicables en cas de température élevée. Le quatrième chapitre quant à lui expose des méthodes permettant le calcul de la répartition des contraintes thermiques. Des modèles de comportement sont également développés pour le cas des dalles en béton alvéolé, en particulier en ce qui concerne le comportement en cisaillement. Ceux-ci seront validés à l'aide des essais réalisés à l'ETH et au CTICM. Le chapitre cinq analyse le comportement en cas d'appuis flexibles et le compare aux essais du VTT en Finlande. Dans le sixième chapitre, les méthodes de calcul permettant d'assurer la sécurité de l'appui en cas de rupture de l'aile inférieure du profilé métallique sont décrites en fonction du type de construction employé. L'influence sur la résistance au feu des différents détails de construction situés autour de la zone d'appui est en outre étudiée au moyen des modèles développés dans la présente étude.

Les résultats de ce travail montrent qu'un bon comportement peut être obtenu grâce à des mesures constructives appropriées dans la zone d'appui, aussi bien à température ambiante qu'en cas d'incendie. Le comportement des dalles en béton alvéolé est donc influencé de façon décisive par les conditions d'appui. Enfin, des résistances au feu supérieures à 90 minutes sont ainsi possibles, accompagnées de rupture ductile.

Summary

In today's construction there is an increasing demand for efficient and economical structures. This leads to structural elements which are fabricated in an industrial manner and assembled on site. Concrete hollow core elements for slabs and steel beams and columns for the structural framework fulfil these requirements. Hollow core elements are concreted in long casting beds (in the slipforming process or by extruding machines), prestressed by strands with direct bond and cut in the factory to the required length. The structural steel elements are also prefabricated. All the structural elements can be delivered "just-in-time" to the site allowing less material and site intensive installations. In Slim Floor construction the slab elements are not supported by the upper flange of a hot rolled steel profile as in traditional composite construction but by the lower flange of an asymmetric steel beam. By this method of construction, called Slim Floors, a dry type of construction is achieved with all the advantages of a concrete flat slab.

The steel beam deflects under the variable load and the weight of the hollow core elements resulting in a flexible support and leading to higher shear action in the edge hollow core elements. Additionally, an undesirable bond acts between these elements and the lower flange of the steel beam. In the case of fire thermal stresses develop in the concrete because of the temperature gradient as well as a reduction of the material strength because of high temperatures. Whereas the thermal stresses influence the structural behaviour of concrete, the strength reduction in the lower steel flange because of the high temperature is significant. The shear behaviour of hollow core elements and of the support zone (i.e. lower flange) of Slim Floors in fire have hardly been investigated before. The aim of this work is the development of corresponding structural models and comparison with tests carried out at the ETH and CTICM (France).

The fundamentals and thermal properties for the calculation of the section temperatures and the material properties of concrete, steel and bond at high temperatures are dealt with in the second chapter. In the third chapter the results of the ETH tests at room temperature are analysed with exisiting structural models for hollow core elements forming a basis for the models at high temperatures. The fourth chapter gives methods for the calculation of thermal stresses at high temperatures. Further structural models describing the shear resistance of hollow core elements in fire have been developed, and they are compared to the ETH and CTICM tests. The fifth chapter analyses the behaviour due to the flexible support and compares different models with tests. In the sixth chapter, calculation models and constructional details for the support zone are discussed to improve the reliability of that zone in the fire case.

The results of this work show that by constructional measures in the support zone a good structural behaviour is obtained both at room temperature and in the case of fire. The structural behaviour of the hollow core elements is influenced decisively by the conditions at the supports. Fire resistances of more than 90 minutes can be achieved with a ductile failure behaviour only if adequate measures are taken.

1 Einleitung

1.1 Allgemeines

Im Geschossbau ist es vorteilhaft, wegen den häufig durch Bauvorschriften begrenzten Gebäudehöhen die Deckenbauhöhe gering zu halten. Der herkömmliche Verbundbau (Stahlträger mit Ortbetonplatte auf dem Oberflansch in starrem oder Teil-Verbund) kann in diesem Punkt nicht mit der Flachdecke in Massivbauweise konkurrenzieren. So entstand die integrierte Flachdeckenbauweise, auch Slim Floor Bauweise genannt. Sie fand erste Anwendungen in den achtziger Jahren in Skandinavien. Dabei werden Fertigteildeckenelemente auf den Unterflanschen von asymmetrischen Stahlträgern gelagert. Die Auflagerung auf dem Stahlträger für die Fertigteildeckenelemente ist nachgiebig bzw. flexibel. Als Fertigteildeckenelemente werden häufig kostengünstige Betonhohlplatten eingesetzt. Die Träger und Stützen werden in Stahlskelettbauweise erstellt. Somit wird nicht nur obige Forderung nach niedriger Bauhöhe erfüllt, sondern es ergeben sich auch Vorteile wie kurze Bau- und Montagezeiten dank Trockenbauweise und hohem Vorfabrikationsgrad, einfache Konstruktionsprinzipien und geringer Materialverbrauch durch gezielten Einsatz von Stahl und Stahl- bzw. Spannbeton (Abb. 1.1).

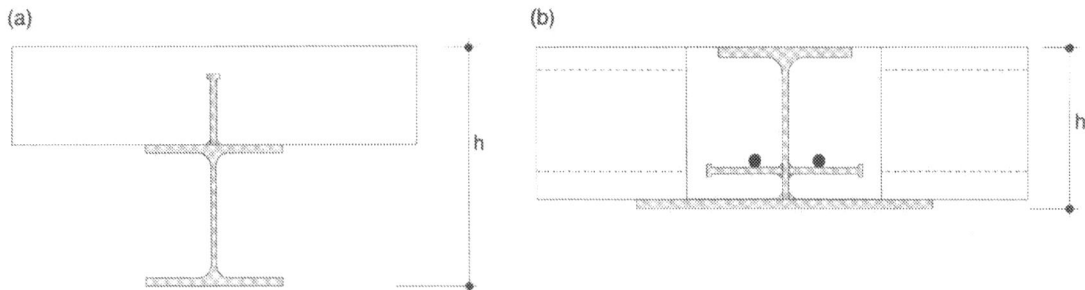

Abb. 1.1   (a) Konventioneller Verbundbau und (b) integrierte Flachdeckenbauweise

Die Slim Floor Bauweise kann mit verschiedenen Fertigteildeckenelementen ausgeführt werden. In dieser Arbeit wird die Anwendung mit Betonhohlplatten untersucht. Als Stahlträger für die ETH-Versuche [Borgogno und Fontana (1996)] wurde ein halbes IPE-Profil mit angeschweisstem Flachblech als Unterflansch (IFB-Träger) gewählt. Alternativlösungen werden in [Fontana (1995)] beschrieben.

An den Feuerwiderstand der Tragwerke von Mehrgeschossbauten werden weltweit strenge Anforderungen gestellt. Im Stahlbau sind die Kosten zur Erreichung eines hohen Feuerwiderstandes gross, während sie in der Massivbauweise vernachlässigbar klein sind. Mit der Verbundbauweise gelingt in dieser Hinsicht eine Verbesserung gegenüber dem reinen Stahlbau. Die Grundlagen zur Bemessung der integrierten Flachdeckenbauweise im Brandfalle waren jedoch bisher ungenügend, sodass basierend auf Erfahrungswerten konstruiert wurde. Dies und das hohe Entwicklungspotential dieser Bauweise haben Partner aus Stahl- und Betonelementindustrie bewogen, zusammen mit der Hochschule das dieser Arbeit zugrunde liegende Forschungsprojekt ins Leben zu rufen.

1.2 Problemstellung

Betonhohlplatten als Deckenelemente haben bei nachgiebiger Auflagerung ein anderes Tragverhalten als bei starrer Auflagerung. Dies zeigten die VTT-Versuche von Pajari und Yang (1994). Durch die nachgiebige Auflagerung erreichten die Betonhohlplatten ca. 40 bis 70% des Tragwiderstandes im Vergleich zu starrer Auflagerung.

Ein aus Spanien bekannter Brandfall [Crespo und Rui-Wamba (1994)] zeigte ein Versagen der Betonhohlplatten. Dabei rissen die Platten entlang den Stegen in zwei Teile auf. Der Bruchmechanismus wurde bisher nicht genau erklärt. In Metz [CTICM 73/93] führten Brandversuche zu einem unerwartet frühen Versagen der Hohlplatten.

Die Tragmodelle zur Bemessung von Slim Floor Decken waren somit ungeeignete. Die Problempunkte lassen sich wie folgt formulieren:

- Die Betonhohlplatten liegen auf dem Unterflansch eines nachgiebigen Trägers und nicht auf einer starren Wand auf. Der Träger biegt sich in Längsrichtung durch; im Extremfall kann für die Betonhohlplatten eine Ecklagerung entstehen.

- Der auskragende Unterflansch biegt sich mit zunehmender Auflagerkraft der Betonhohlplatte in Querrichtung; je nach Steifigkeitsverhältnissen wird sich das Auflager für die Betonhohlplatten verkleinern. Die Auflagerbreite kann, wenn sie zu gering ist, den Tragwiderstand der Hohlplatte wesentlich abmindern.

- Für die Bemessung der Betonhohlplatten bei Brand liegen Tragmodelle für reine Biegung vor. Schubprobleme im Auflagerbereich, der grosse Temperaturgradient über den Querschnitt und das Materialverhalten des Betons werden nicht berücksichtigt. Die Bemessung erfolgt in der Regel auf der Grundlage einzelner Brandversuche. Frühere Arbeiten [Görhs (1992)] behandeln dieses Thema nur ansatzweise.

- Der ungeschützte Unterflansch des Stahlträgers, der das Auflager für die Betonhohlplatten bildet, ist im Brandfalle stark dem Feuer ausgesetzt und verliert dadurch an Festigkeit. Der Einfluss des abnehmenden Querbiegewiderstandes des Unterflansches auf das Tragverhalten der Betonhohlplatten im Auflagerbereich ist nicht bekannt.

- Der asymmetrische Stahlträger wird kammerbetoniert, dadurch entsteht eine gewisse Verbundwirkung. Bei Raumtemperatur wird üblicherweise nur der Stahlträger mitgerechnet. Diese Modellannahme ist sehr konservativ und v.a. im Brandfall unwirtschaftlich.

Aufgrund dieser Problemstellung werden die Zielsetzungen für dieses Forschungsprojekt abgeleitet.

1.3 Zielsetzung und Übersicht

Diese Arbeit soll einen Beitrag zur Erfassung des Tragverhaltens von Slim Floor Decken mit Betonhohlplatten bei Raumtemperatur und Brandeinwirkung durch entsprechende Modellbildungen leisten. Die Modelle werden an Versuchen überprüft. Durch Parameterstudien kann der Einfluss einzelner Faktoren untersucht werden. Daraus sollen einfache, praxistaugliche Anwendungsregeln für diese Bauart entwickelt werden.

Die Arbeit gliedert sich in drei Teile. Im ersten Teil (Kapitel 2) wird die Beanspruchung durch erhöhte Temperaturen beschrieben und das Verhalten der Baustoffe eingehend dargestellt. Der zweite Teil (Kapitel 3 und 4) betrachtet das Tragverhalten der Betonhohlplatten mit starrer Auflagerung (z.B. auf einer Wand) bei Raumtemperatur und Normbrandbedingungen. Die Bruchmechanismen und die entsprechenden Modellbildungen werden genauer erklärt. Im dritten Teil wird das Verhalten der Slim Floor Decken als Ganzes betrachtet. Im Gegensatz zum starren Auflager wird zunächst die Wirkung des nachgiebigen Auflagerträgers auf die Betonhohlplatten untersucht (Kap. 5). Im weiteren muss der Einfluss des Brandes auf den Stahlträger, d.h. ein Ausfallen des Stahlträger-Unterflansches als Auflager der Hohlplatten (Kap. 6), und das Tragverhalten des Verbundträgers (Kap. 7) untersucht werden. Zum Schluss werden die Resultate diskutiert und noch offene Fragestellungen festgestellt (Kap. 8). Damit soll nicht zuletzt auch eine Grundlage für künftige Forschungsarbeiten auf dem Gebiete des baulichen Brandschutzes geschaffen werden.

1.4 Abgrenzung

Die Arbeit behandelt den Feuerwiderstand von Betonhohlplatten bei Slim Floor Decken und zeigt mögliche Verbesserungsmassnahmen. Solche Massnahmen werden dem baulichen Brandschutz zugeordnet. Andere Brandschutzkonzepte wie Lösch- und Entdeckungskonzept können zu einem gleichwertigen Ergebnis führen. Der Brandbeanspruchung zur Bestimmung der Feuerwiderstandsdauer liegt die Einheitstemperaturkurve aus [ISO 834] (ISO-Normbrand) zugrunde.

Am Markt werden unterschiedliche Hohlplattentypen angeboten, welche sich durch verschiedene Herstellungsverfahren und grosse Unterschiede in der Querschnitts-Geometrie, der Beton- und Litzeneigenschaften und in der Vorspannung auszeichnen. Alle diese Unterschiede haben z.T. grossen Einfluss auf das Tragverhalten und müssen entsprechend berücksichtigt werden. Die hier entwickelten Tragmodelle sollen somit direkt nur für die in den beschriebenen Brandversuchen verwendeten Hohlplatten angewandt werden.

Der Beton an sich ist ein inhomogener Werkstoff. Durch die Beanspruchung durch erhöhte Temperaturen wird die Erfassung des Materialverhaltens durch einzelne Kennwerte noch schwieriger. Diese streuen mehr als bei Raumtemperatur. Daher ersetzt die genaue Modellbildung keineswegs ein sauberes Entwerfen und konstruktives Durchbilden des Tragwerks. Vielmehr soll die Modellbildung eine Ergänzung zum Entwerfen bilden. Die obgenannten Versuche dienen nicht nur zur Absicherung der Modelle, sondern auch zum Testen von Konstruktionsdetails im Auflagerbereich der Betonhohlplatten.

Die Berechnungen beziehen sich in der Regel auf mittlere angenommene Baustoffkennwerte. Einige der Kennwerte basieren auf den Ergebnissen der ETH-Versuche [Borgogno und Fontana (1996)] und werden hier ausgewertet und interpretiert. Sonst werden sie mit gängigen empirischen Beziehungen errechnet oder aus der Literatur übernommen. Die Kennwerte sind z.T. in der Form, wie sie gebraucht werden, experimentell ungenügend abgesichert. Bei der Beurteilung der entsprechenden Rechenergebnisse gilt es dies zu beachten.

2 Grundlagen

2.1 Allgemeines

Die Versagensmechanismen von Tragwerken im Brandfalle sind komplex. Für eine differenzierte Analyse des Tragverhaltens muss der Problemkreis in verschiedene Ebenen aufgeteilt werden.

Eine erste Ebene stellt die Beanspruchung infolge erhöhter Temperaturen dar. Dazu werden verschiedene Temperaturbeanspruchungen verglichen und der Einfluss einer normierten Temperaturbeanspruchung auf die Temperaturentwicklung in einem Bauteilquerschnitt untersucht. Die zweite Ebene stellt die Materialen Beton und Stahl selber und deren Zusammenwirken im Verbund dar. Deren Verhalten bei erhöhten Temperaturen wird erklärt und durch mögliche Modelle genähert. Die dritte Ebene besteht aus dem Bauteil selber und derem Zusammenwirken mit den angrenzenden Bauteilen. Eine vierte Ebene bildet das Gesamttragverhalten der ganzen Gebäudestruktur.

Dieses Kapitel beschäftigt sich eingehend mit den ersten beiden Ebenen. Damit sollen die Grundlagen geschaffen werden, um das Bauteilverhalten in den folgenden Kapiteln zu analysieren.

2.2 Beanspruchung infolge erhöhten Temperaturen

2.2.1 Temperatureinwirkungen und Feuerwiderstand

Man unterscheidet stationäre und instationäre Temperaturbeanspruchungen. Letztere beinhalten sämtliche Temperaturverläufe, welche über die Zeit veränderlich sind. Sie werden zur Überprüfung von Werkstoffgesetzen benutzt, da sie eher dem Wesen eines Brandes entsprechen.

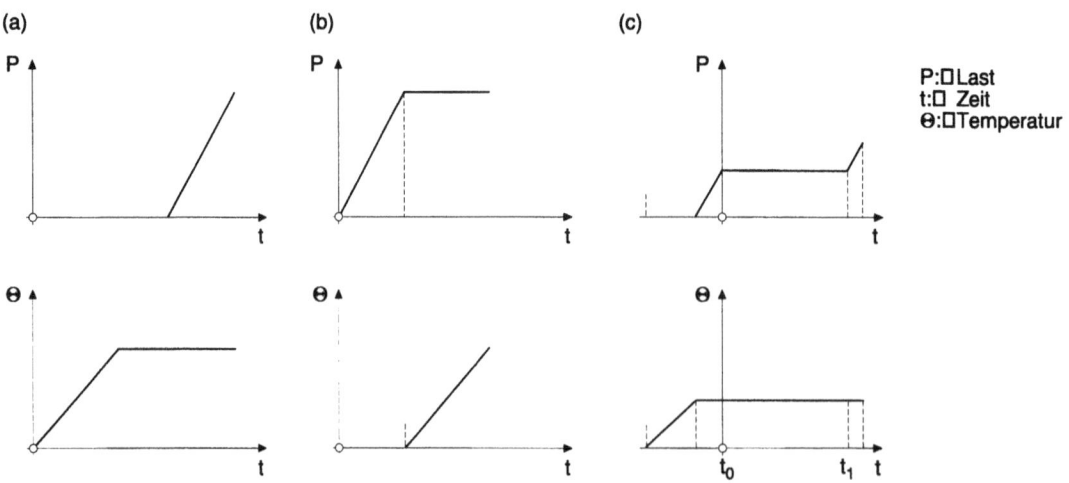

Abb. 2.1   Übersicht von verschiedenen Versuchsarten: (a) Zugversuch bei konstanter Temperatur, (b) instationärer Kriechversuch bei konstanter Last und instationärer Temperatur und (c) stationärer Kriechversuch bei konstanter Last und konstanter Temperatur (von t_0 bis t_1)

Der instationäre Kriechversuch wird häufig mit einem linearen Temperaturanstieg von ca. 0.5 - 10 °C/min gefahren. Dies entspricht nicht der Temperaturentwicklung eines natürlichen Brandes, wird aber aus versuchstechnischen Gründen angewandt. Zudem lassen sich die Materialgesetze praktischer formulieren.

Als einfache Modelle für den Temperaturverlauf im Brandfall wurden verschiedene nominelle Temperaturzeitkurven definiert [ENV 1991-2-2]. Der am häufigsten benutzte nominelle Temperaturverlauf ist die Einheitstemperaturkurve (ETK) nach ISO 834 (1995) (2.1). Sie entspricht ziemlich genau der in den USA verwendeten Kurve nach ASTM.

$$\Theta_g = 20 + 345 \cdot \log(8 \cdot t + 1) \tag{2.1}$$

t: Zeit in Minuten
Θ_g: Gastemperatur

Daneben gibt die ENV 1991-2-2 auch die Hydrokarbonkurve für die Beanspruchung bei Ölbränden und eine Kurve für aussenliegende Bauteile (Abb. 2.2). Sind die Brandlast und die physikalischen Randbedingungen in einem Raum bekannt, so kann der Temperaturanstieg mit vereinfachten analytischen [ENV 1991-2-2] oder numerischen Methoden [Bryl et al. (1987)] simuliert werden. In diesem Fall spricht man von parametrischen Temperaturzeitkurven bzw. von Naturbrandsimulationen.

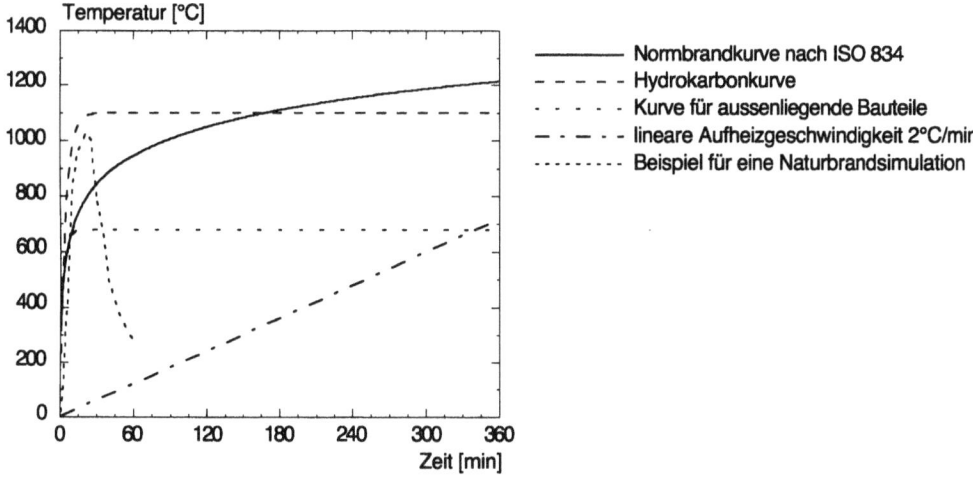

Abb. 2.2 Temperaturzeitkurven [ENV 1991-2-2]

Die mit der Zeit veränderlichen Temperaturzustände im Bauteil beeinflussen die thermischen und mechanischen Eigenschaften der Baustoffe. Ein Bauteil hat einen bestimmten Feuerwiderstand gegenüber der Einheitstemperaturkurve nach ISO 834, wenn es definierte Anforderungen während einer bestimmten Zeitdauer in Minuten erfüllt. Die Anforderung eines ausreichenden Tragwiderstandes wird durch den Buchstaben R (F im deutschen Sprachraum) ausgedrückt.

2.2.2 Thermische Eigenschaften von Beton und Stahl

Der Wärmestrom im Querschnitt eines Bauteils in Richtung abnehmender Temperatur wird beeinflusst durch dessen Geometrie und die thermischen Eigenschaften der Baustoffe. Die für den Temperaturverlauf wichtigsten Eigenschaften sind: die Dichte (ρ), die spezifische Wärmekapazität (c), die Wärmeleitfähigkeit (λ) und der Wassergehalt (p). Die thermische Dehnung (ε_{th}) als weitere thermische Baustoffeigenschaft beeinflusst den Wärmestrom nicht.

Die Dichte des Betons ändert sich in einem Temperaturbereich von 20°C bis 150°C je nach Zuschlagsart (kalkstein- oder silikathaltige Zuschläge) unterschiedlich stark. Dabei haben v.a. die Lagerungsbedingungen einen besonders starken Einfluss [Schneider (1982)]. Bis 600°C zeigt der kalksteinhaltige Beton nur eine geringfügige Dichteabnahme. Der silikathaltige hingegen wird infolge Dehnung der Quarzite etwas leichter. Von 600°C bis 900°C führt die Kalksteinentsäuerung zu einem hochporösen Beton. Für Normalbeton mit einem Wassergehalt ≤2% gibt die ENV 1992-1-2 einen konstanten Wert von 2300 kg/m³ vor. Um die Verdampfung zu berücksichtigen, kann die Dichte von Betonen mit einer üblichen Feuchtigkeit von 4÷6% ab 100°C um 100 kg/m³ abgemindert werden (Abb. 2.3).

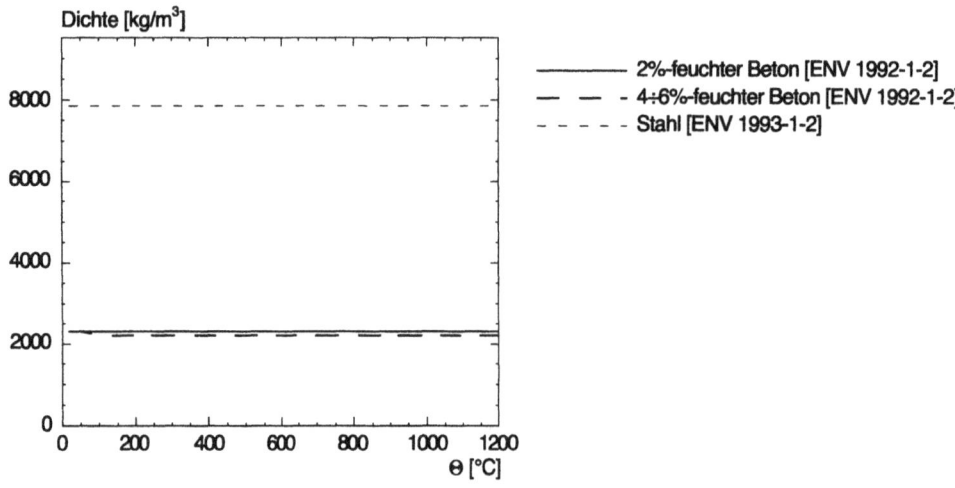

Abb. 2.3   Dichte von Stahl und Beton

Messwerte der Dichte von Stahl zeigen einen mit der Temperatur linear leicht abfallenden Verlauf [Haas et al. (1993)]. Die ENV 1993-1-2 vereinfacht die Dichte zu einer Konstante von 7850 kg/m³ über den gesamten relevanten Temperaturbereich.

Die spezifische Wärmekapazität c (auch "wahre" spez. W. genannt) ist die Wärmemenge, die für einen Stoff gebraucht wird, um ihn um eine Temperatureinheit aufzuheizen. Darin ist auch jene latente Wärme enthalten, die aufgebraucht wird, um das Kristallgefüge des Materials bei bestimmten Temperaturen umzuwandeln oder vorhandene Feuchtigkeit zu verdampfen.

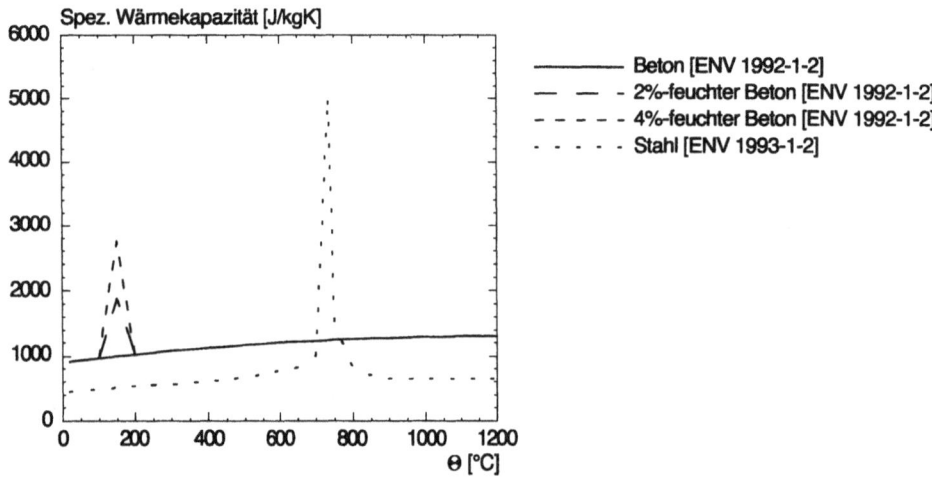

Abb. 2.4   Spezifische Wärmekapazität von Stahl und Beton

Die spezifische Wärmekapazität von Beton wird v.a. durch den Wassergehalt beeinflusst, weniger durch den Zementgehalt und das Mischungsverhältnis. Der Wassergehalt wirkt sich zwischen 100°C und 200°C aus, da zur Verdampfung des Wassers mehr Energie benötigt wird. Ein viel grösserer Zementgehalt liefert eine grössere latente Wärme wegen der Dehydratationsreaktionen. Die ENV 1992-1-2 nimmt für Beton nur auf die verschiedenen Wassergehalte Rücksicht (Abb. 2.4).

Die spezifische Wärmekapazität von Stahl zeigt eine starke Zunahme bei ca. 735°C infolge der Umwandlung der α- in γ-Mischkristalle (Abb. 2.4). Für vereinfachte Berechnungen kann auch ein konstanter Wert von c_a=600 J/kgK [ENV 1993-2-1] angenommen werden.

Die Wärmeleitzahl λ eines Materials gibt die Wärmemenge an, die im stationären Zustand während einer Sekunde durch $1m^2$ einer 1m dicken Stoffschicht bei einem Temperaturunterschied von 1°C zwischen den Schichtoberflächen hindurchgeht. Sie ist im wesentlichen gekennzeichnet durch die Grösse und Verteilung der Luftporen, die Wärmeleitfähigkeit der Grundstoffe und den Wassergehalt. Sie ist für die meisten Stoffe stark temperaturabhängig.

Mit steigendem Wassergehalt nimmt die Wärmeleitzahl für Beton zu, mit steigendem Luftporengehalt nimmt sie ab. Die ENV 1992-2-1 gibt einen annähernd konstanten Wert an (Abb. 2.5).

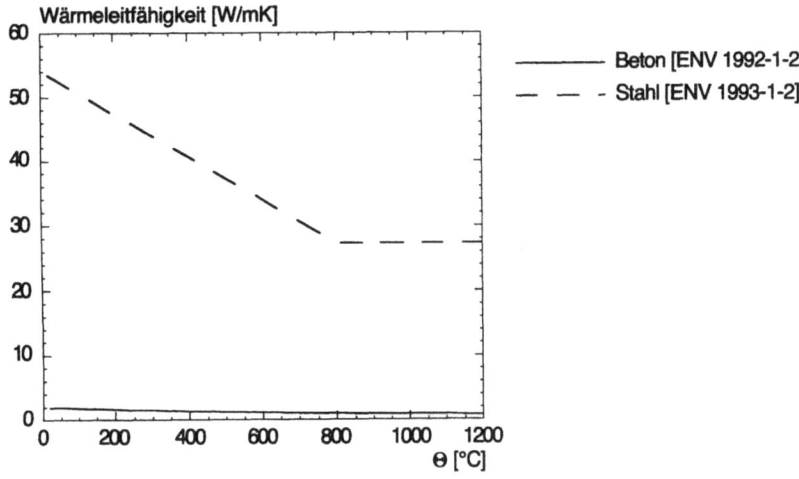

Abb. 2.5   Wärmeleitfähigkeit von Stahl und Beton

Die Wärmeleitfähigkeit von Stahl wird v.a. durch die Temperatur und dessen Legierungsgehalt beeinflusst. Mit zunehmendem Legierungsgehalt nimmt die Wärmeleitfähigkeit bei konstanten Temperaturen ab. Die ENV 1993-2-1 gibt für im Bauwesen übliche Stähle eine lineare Abnahme von Raumtemperatur bis 800°C vor und von da an einen konstanten Wert (Abb. 2.5).

Mit steigender Temperatur dehnen sich Beton und Stahl aus. Dies wird durch die thermische Dehnung ε_{th} ausgedrückt.

Die thermische Dehnung von Beton wird durch dessen Einzelkomponenten massgebend beeinflusst. Sie ist schon bei niedrigen Temperaturen nichtlinear und i.a. irreversibel. Haupteinflussgrösse ist der Zuschlag, v.a. die Fraktion der Grobzuschläge. Ab 600°C dehnt sich der Beton praktisch nicht mehr aus. Der Wassergehalt, der W/Z-Faktor und der Zementgehalt sind nur bei Temperaturen <200°C von Einfluss. Das Schwinden bleibt im Vergleich zur thermischen Dehnung klein und kann für praktische Fälle vernachlässigt werden. Für silikathaltigen Beton gibt die ENV 1992-1-2 die Kurve in Abb. 2.6 vor.

Grundlagen

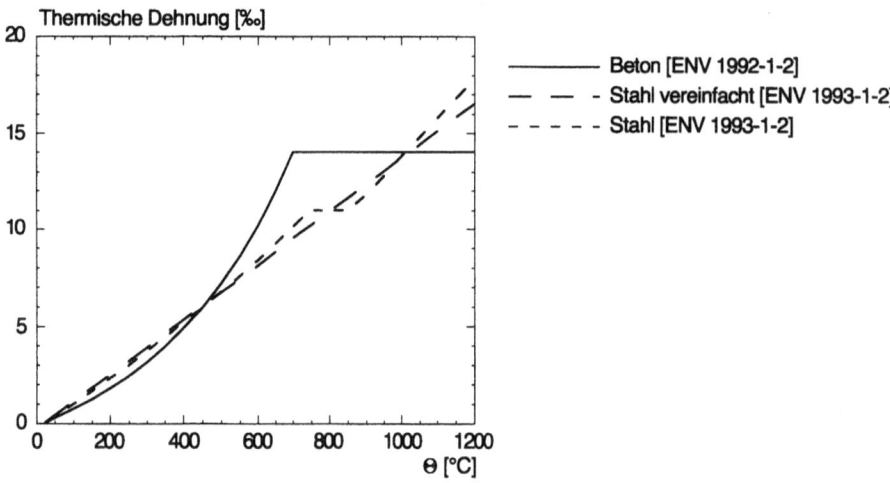

Abb. 2.6   Thermische Dehnung von Stahl und Beton

Die thermische Dehnung von Stahl wird weitgehend von der Art und Menge der Legierungszusätze bestimmt, wobei ein deutlicher Einfluss erst oberhalb 600°C sichtbar wird. Bemerkenswert ist das breite Streuband im Bereich der Umwandlung der α- in γ-Mischkristalle. Für vereinfachte Berechnungen wird häufig eine lineare thermische Dehnung benutzt (Abb. 2.6).

2.2.3 Berechnung von Temperaturfeldern

In einem abgeschlossenen System ist die Summe aller Energien konstant. Der erste Hauptsatz der Thermodynamik über die Energieerhaltung in einem System besagt, dass die Speicherung gleich der Übertragung der Wärme in einem beliebigen Punkt eines Körpers ist. Mit $\dot{h} = -\lambda \cdot \text{grad}\Theta$ als Wärmestromdichte gilt:

$$c \cdot \rho \cdot \frac{\partial \Theta}{\partial t} = \text{div}(\lambda \cdot (\text{grad}\Theta)) + W. \tag{2.2}$$

Setzt man die Wärmequelle oder -senke W=0, so kann (2.2) für ein ebenes Temperaturfeld in (2.3) umgeformt werden. Die partielle Differentialgleichung bestimmt die Temperaturen in einem Querschnitt.

$$c \cdot \rho \cdot \frac{\partial \Theta}{\partial t} = \lambda \cdot \left(\frac{\partial^2 \Theta}{\partial x^2} + \frac{\partial^2 \Theta}{\partial y^2} \right) + \frac{\partial \lambda}{\partial \Theta} \cdot \left[\left(\frac{\partial \Theta}{\partial x} \right)^2 + \left(\frac{\partial \Theta}{\partial y} \right)^2 \right] \tag{2.3}$$

- c: spez. Wärmekapazität
- t: Zeit
- x, y: örtliche Variable
- Θ: Temperatur
- λ: Wärmeleitzahl
- ρ: Dichte

Zur vollständigen Lösung müssen die örtlichen Randbedingungen und die zeitliche Anfangsbedingung bekannt sein. Als Anfangsbedingung gilt die Anfangstemperatur im Querschnitt. Für die Bauteiloberfläche gilt die Wärmeleitgleichung (2.4) und der an der Bauteiloberfläche herrschende Wärmefluss kann mit (2.5) berechnet werden, wobei Θ_g die mittlere Brandraumtemperatur und Θ_m die Temperatur an der Bauteiloberfläche ist. Durch die Wärmeübergangszahl α wird das Verhalten der Wärmeströmung im Grenzbereich zwischen Körperoberfläche und Gastemperatur im Brandraum beschrieben [Kordina (1975)]. Unmittelbar an der Körperoberfläche stellt sich ein sehr steiler Temperaturabfall ein, und in einer gewissen Entfernung von der Oberfläche liegt eine konstante Gastemperatur vor. Damit können (2.4) und (2.5) richtungsgetrennt formuliert werden (2.6).

$$\dot{h} = -\lambda \cdot \mathrm{grad}\Theta_m \tag{2.4}$$

$$\dot{h} = \alpha \cdot (\Theta_g - \Theta_m) \tag{2.5}$$

$$\alpha_x \cdot (\Theta_g - \Theta_m) = -\lambda \cdot \left(\frac{\partial \Theta}{\partial x}\right)_m \text{ bzw. } \alpha_y \cdot (\Theta_g - \Theta_m) = -\lambda \cdot \left(\frac{\partial \Theta}{\partial y}\right)_m \tag{2.6}$$

$\dot{h}$: Wärmestromdichte
α: Wärmeübergangszahl
Θ_g: Gastemperatur
Θ_m: Oberflächentemperatur

Die durch die Wärmeübergangsbedingungen zwischen Gas (im Ofen) und Versuchskörper beschriebenen Wärmeströme rufen an der Körperoberfläche Temperaturveränderungen hervor. Diese Oberflächentemperaturen beschreiben die Randbedingungen für (2.3). Die Integration der Differentialgleichungen des Problems ist unter Berücksichtigung der vorliegenden Randbedingungen schwierig. Zur Lösung der instationären Wärmeleitung kann das Differenzverfahren benutzt werden. Vorraussetzung ist die Kenntnis der Materialwerte λ, c, ρ und α (vgl. Kap. 2.2.2).

Die Wärmeaustauschvorgänge durch Strahlung und Konvektion beeinflussen sich praktisch nicht. Beide Anteile werden getrennt berechnet und superponiert (2.7).

$$\alpha = \alpha_c + \alpha_r \tag{2.7}$$

Die Wärmeübergangszahl infolge Konvektion α_c wird i.a. für Oberflächen, die dem Ofen ausgesetzt sind, zu 25 W/m^{2}K und für solche, die der Raumtemperatur ausgesetzt sind, zu 8 W/m^{2}K angenommen [ENV 1991-2-2]. Die Wärmeübergangszahl infolge Strahlung α_r wird nach dem Strahlungsgesetz von Stefan und Boltzmann nach (2.8) berechnet.

$$\alpha_r = \frac{5.67 \cdot 10^{-8} \cdot \varepsilon_r}{\Theta_g - \Theta_m} \cdot [(\Theta_r + 273)^4 - (\Theta_m + 273)^4] = -\lambda \cdot \frac{\dot{h}_r}{\Theta_g - \Theta_m} \tag{2.8}$$

ε_r: Emissivität
Θ_r: =Θ_g, Strahlungstemperatur kann als die Gastemperatur Θ_g angenommen werden [ENV 1991-2-2]

Die Emissivität ε_r hängt nicht nur von den Strahlungsverhältnissen im Ofen ab, sondern auch von der Strahlung, die von der Flamme ausgeht. Für Temperaturberechnungen im Brandfalle wird i.a. ε_r pauschal zu 0.7 angenommen [ENV 1991-2-2].

Die oben beschriebene Methode haben Becker et al. (1974) für die Berechnung von Temperaturfeldern im Programm Fires-T mit Hilfe der Methode der finiten Differenzen benutzt. Neuere Arbeiten verwenden die Methode der finiten Elemente und integrieren solche thermischen Berechnungsmodule in FEM-Programm-Paketen, so z.B. Safir von Franssen (1995). Damit sind auch Analysen zum thermischen Verhalten von Tragwerken möglich. Beide Programme wurden im Rahmen dieser Arbeit eingesetzt. Ein neues Programm Pyroman wird zur Zeit am Institut für Baustatik und Konstruktion von Batschkus und Anderheggen (1997) in Zusammenarbeit mit der Gruppe Stahl- und Holzbau entwickelt.

Abb. 2.7 zeigt den Vergleich von Temperaturberechnungen an Slim Floor Träger-Querschnitten mit dem Programm Fires-T und mit den in den ETH-Versuchen gemessenen Temperaturen. Für die Emissivität wurde ein Wert von ε_r=0.7 genommen, der Konvektionsanteil an der Wärmeübergangszahl wurde gegen den Ofen hin mit α_c=25 W/m^{2}K und gegen den Aussenraum mit α_c=8 W/

Grundlagen

m²K angesetzt. Die Kurven zeigen die ISO-Normbrandbeanspruchung und die entsprechende Erwärmung des Unterflansches des Slim Floor Trägers und der Litzen an der Stirnfläche aller ETH-Brandversuche. Bei den Unterflansch-Temperaturen treten zwischen den Versuchen Differenzen bis 100°C auf. Die Berechnung für den Versuch PTT liefert eine gute Näherung der gemessenen Temperaturen. Die gleiche Berechnung liefert für die Litze ca. den Mittelwert der der am Litzenende beim Auflagerträger gemessenen Werte aller Versuche. Deutlich zu erkennen ist ein Temperaturplateau bei ca. 100°C, welches ab 20 Minuten ISO-Normbrand eingetreten ist. Dies ist auf das Verdampfen des im Beton enthaltenen Wassers zurückzuführen. Die steilen Temperaturanstiege zum Versagenszeitpunkt kommen aus dem direkten Kontakt der Thermoelemente mit dem Brandraum infolge Rissebildung. Die viel geringeren Litzentemperaturen des Versuches B3-1 sind durch die starke Isolation des Auflager-Stahlbetonträgers entstanden.

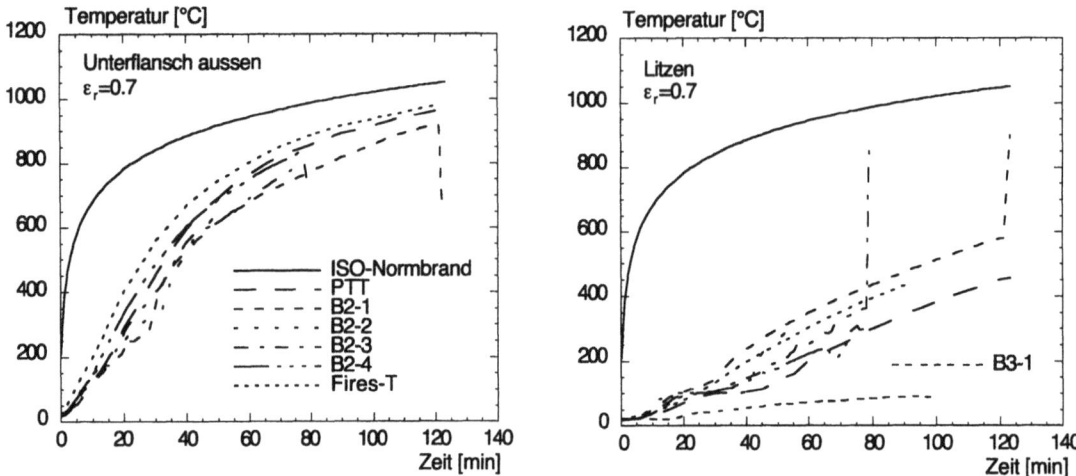

Abb. 2.7 Vergleich von berechneten (Fires-T) und den in den ETH-Versuchen gemessenen Temperaturen am Unterflansch des Slim Floor Trägers und an den Litzenenden der Hohlplatten

Der Vergleich in Abb. 2.7 zeigt, dass die Temperaturen sehr gut voraussagbar sind, falls die Strahlungsbedingungen des Ofens bekannt sind und der Beton nicht zu feucht und durch Wasserverdampfung der Temperaturanstieg verzögert wird.

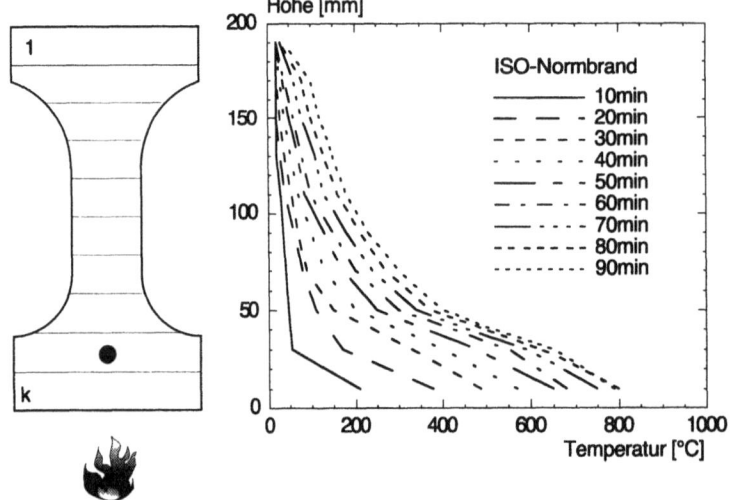

Abb. 2.8 Horizontal gemittelte Temperaturen der Hohlplatte P20 der ETH-Versuche nach einer Safir-Berechnung bis 90min ISO-Normbrand

Abb. 2.8 zeigt den vertikalen Temperaturverlauf durch eine Hohlplatte P20 bei ISO-Normbrand in 10min-Schritten bis 90min. Die Berechnungen wurden mit dem FEM-Programm Safir [Franssen (1995)] für 10 horizontale Fasern durchgeführt. Die erhaltenen mittleren Fasertemperaturen über den Querschnitt wurden durch einen Polygonzug verbunden. Sie dienen als Grundlage für die Modellberechnungen in Kap. 4.

2.3 Materialverhalten von Beton

Nachfolgend werden die Grundlagen des Materialverhaltens von Beton nur soweit behandelt, wie sie für die Auswertung der eigenen Versuche und die Modellberechnungen von Bedeutung sind. Für weitergehende Materialdaten sei auf die Literatur verwiesen.

2.3.1 Materialverhalten von Beton bei Raumtemperatur

Die Druckfestigkeit ist eine wichtige Bezugsgrösse für statische Berechnungen. Sie ist nicht nur von der Betonzusammensetzung, sondern auch von Prüfmaschine und -verfahren und von der Grösse, Gestalt und Beschaffenheit der Versuchskörper abhängig. Die gebräuchlichsten Formen der Versuchskörper sind Würfel und Prismen. Die Prismendruckfestigkeit beträgt wegen der fehlenden Querdehnbehinderung beim Druckversuch ca. 80% der Würfeldruckfestigkeit (2.9).

Der E-Modul kann aus dem Last-Dehnungs-Diagramm als Tangenten-, Sekanten- oder Sehnenmodul bestimmt werden. Er nimmt mit fortschreitender Erhärtung zu, es besteht jedoch kein direkter Zusammenhang mit der Druckfestigkeit. Verschiedene Parameter wie Zuschlagstoffe und Feuchtigkeit können sogar entgegengesetzte Auswirkungen haben. Näherungsweise lässt sich der E-Modul nach [Weigler und Karl (1989)] mit (2.10) beschreiben. Zur Berücksichtigung von Kriecheffekten wird der E-Modul von Bauteilen oft auf einen Drittel reduziert [Bachmann (1991)].

$$f_c = (0.75 \div 0.85) \cdot f_{cc} \qquad (2.9)$$

$$E_c = 5150 \cdot \sqrt{f_{cc}} \qquad (2.10)$$

$$f_{ct} = 0.24 \cdot f_{cc}^{2/3} \qquad (2.11)$$

E_c: E-Modul des Betons
f_c: Druckfestigkeit (Prismendruckfestigkeit)
f_{cc}: Mittelwert der Würfeldruckfestigkeit
f_{ct}: Zugfestigkeit des Betons

Die Zugfestigkeit des Betons wird in der statischen Berechnung zwar nicht direkt berücksichtigt, sie ist jedoch Voraussetzung für die Verankerung der Bewehrung, für die Querkraftabtragung bei Trägern ohne Schubbewehrung und für die Funktionstüchtigkeit von Überlappungsstössen. Auch die Rissbildung wird von der Zugfestigkeit bestimmt; deren Wachstum wird vom Systemverhalten beeinflusst. Nach Art des Prüfverfahrens wird zwischen Biege-, Spalt- und zentrischer Zugfestigkeit f_{ct} unterschieden. Letztere kommt der wahren Zugfestigkeit am nächsten. Heilmann (1969) hat durch Regressionsanalyse von Zug- und Druckversuchen den in (2.11) dargestellten Zusammenhang zwischen Würfeldruck- und der mittleren zentrischen Zugfestigkeit abgeleitet.

Der E-Modul bei einer Zugbeanspruchung kann näherungsweise gleich dem E-Modul für Druck im Bereich kleiner Beanspruchungen (Ursprungstangentenmodul) angenommen werden. Bei Spannungen in der Nähe der Zugfestigkeit nimmt der Sekantenmodul allerdings wegen fortschreitender Mikrorissbildung auf etwa 1/3 ab. Der Einfluss einer langandauernden Beanspru-

Grundlagen

chung auf die wirksame Betonzugfestigkeit ist mit grossen Unsicherheiten behaftet. Es wird vermutet, dass sich langandauernde Zugbeanspruchung schädigend auf die wirksame Betonzugfestigkeit auswirkt (Onken und Rostásy, 1995). Dieser Sachverhalt wurde auch durch Versuche von Al-Kubaisy und Young (1975) festgestellt.

Tab. 2.1   Druckfestigkeit bestimmt an Bohrkernen (50·50) der an der ETH untersuchten Hohlplatten

Charge	Anzahl Proben	f_{cc} [N/mm^2]	x_s [N/mm^2]	v
P20	28	36.1	7.7	0.21
P20, UL	11	18.2	4.3	0.24
DAL16	8	45.0	8.0	0.18

f_{cc}: Mittelwert der Druckfestigkeit der Bohrkernen
x_s: Standardabweichung
v: Variationskoeffizient

In Tab. 2.1 sind die Werte der Druckversuche an Bohrkernen an den an der ETH untersuchten Betonhohlplatten dargestellt. Die Chargen P20 zeigen für vorfabrizierte Elemente tiefe Druckfestigkeiten, während die Chargen der Plattentypen DAL16 übliche Werte erreicht haben. Eine mögliche Erklärung können die verschiedenen Herstellverfahren sein: Die Hohlplatten P20 werden im Gleitfertiger-Verfahren, der Typ DAL16 im Extrudier-Verfahren hergestellt (vgl. Kap. 3).

2.3.2   Materialverhalten von Beton bei erhöhten Temperaturen

Strukturelle Veränderungen des Betons bei erhöhten Temperaturen

Die Hochtemperatur-Eigenschaften von Beton werden im wesentlichen durch zwei Mechanismen bestimmt: durch das Verhalten des Bindemittels Zementstein und dessen Verbundeigenschaften zu den Zuschlagstoffen. Der Zementstein erfährt mit zunehmender Temperatur zum einen direkte Festigkeitsverluste und zum andern Schwindverformungen, welche zur Auflockerung und Zerstörung des Verbundes zwischen Zementstein und Zuschlag durch Rissebildung führen. Die Höhe der Verbundbelastung wird durch die physikalischen Eigenschaften der Zuschlagstoffe und des Zementsteins bestimmt, da deren thermische Dehnungen unterschiedlich sind (Gefügespannungen). Betone mit kalksteinhaltigen Zuschlägen zeigen ein deutlich besseres Hochtemperaturverhalten als silikathaltige [ENV 1992-1-2].

Die mit der Erwärmung des Betons einsetzenden Reaktionen lassen sich messtechnisch mit der Differentialthermoanalyse nachweisen [Schneider (1982)]. Der Zementstein verändert seine Struktur schon bei geringen Temperaturbeanspruchungen, weil parallel zum physikalisch gebundenen Wasser auch Zwischenschicht- und Hydratationswasser schwach gebundener Phasen abgegeben wird. Diese Entwässerung findet bei etwa 100°C statt. Kann das Wasser aus der Probe entweichen, so findet kein Festigkeitsverlust statt. Wird der Ausdampfprozess durch Ablagerung des Wassers in Zwischenschichten des Zementgels verzögert, so kann übergangsweise die Festigkeit absinken (ca. 150°C). Ein Gelabbau, die sog. Dehydratation, erfolgt bei 180°C. Bis 450°C verändert sich die Zementsteinstruktur kaum noch. Ab 450°C beginnt der Zerfall elementarer Hydratationsprodukte und verursacht einen kontinuierlichen Abfall der Zementsteinfestigkeit (Portlanditzersetzung). Bei 570°C beginnt die Quarzumwandlung, bei 700°C die Zersetzung der CSH-Phasen (Calciumsilicathydrat, massgebend für die Festigkeit), bei 800°C die Kalksteinentsäuerung und schliesslich ab 1150÷1200°C das Schmelzen.

Die Strukturschädigung von Beton steigt erst ab 450°C kontinuierlich mit der Temperatur an. Sie kann der Rissbildung zugeordnet werden wie die Versuche von Hinrichsmeyer (1987) belegen und dessen Modell auch beschreibt. Gemäss einer Spannungsanalyse entstehen die meisten Risse bei einer Aufheizung oberhalb von 150°C als Matrixrisse zwischen den Zuschlägen. Beim Wiederabkühlen können sich zudem v.a. Haftrisse zwischen den Zuschlägen und der Matrix bilden.

Stoffgesetz bei einachsialer Beanspruchung

Bei hohen Temperaturen ist das Materialverhalten noch stärker mit der Prüfmethode verknüpft als bei Raumtemperatur. Das Verhalten von Beton in Bauteilen bei Feuereinwirkung wird am ehesten durch den instationären Kriechversuch simuliert (Abb. 2.1). Die Resultate dieser Versuche werden beeinflusst von der Vorheizperiode, der Belastungs- bzw. Dehnungsgeschwindigkeit und der Belastungsgeschichte während der Aufheizperiode. Stationäre Kriech- und Relaxationsversuche übertreffen demgegenüber in ihrem zeitlichen Ablauf das Geschehen in Brandfällen deutlich, sodass die unter solchen Bedingungen gewonnenen Daten eher zur Beschreibung von Vorgängen unter lang andauernden Temperatureinwirkungen geeignet sind.

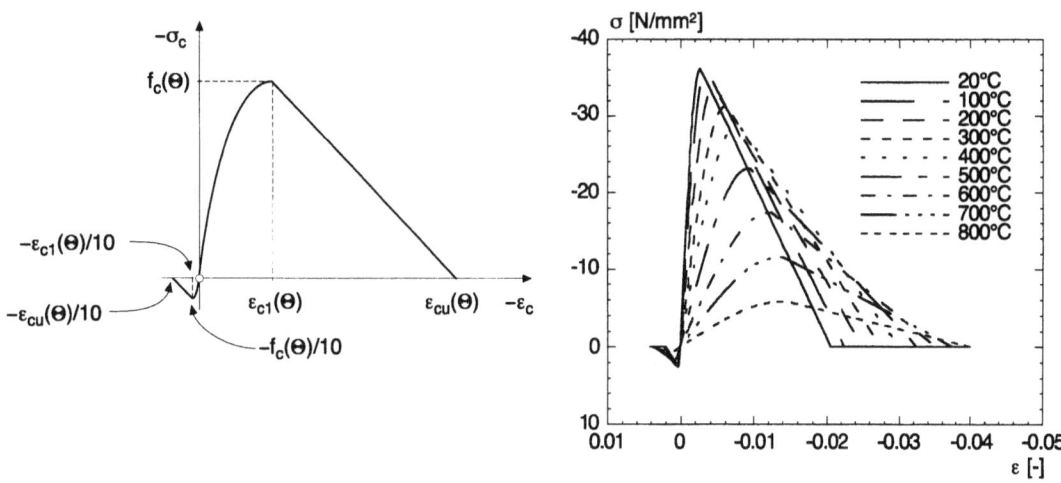

Abb. 2.9 Qualitatives Spannungs-Dehnungs-Diagramm für Beton und Spannungs-Dehnungs-Diagramm von Beton mit quarzitischem Zuschlag bei hohen Temperaturen nach ENV 1992-1-2

Die ENV 1992-1-2 gibt ein Stoffgesetz für Beton bei hohen Temperaturen vor. Der aufsteigende Ast der Spannungs-Dehnungs-Beziehung wird dabei durch die zwei Parameter Druckfestigkeit $f_c(\Theta)$ und die zugehörige Dehnung $\varepsilon_{c1}(\Theta)$ definiert (Abb. 2.9/10) und durch (2.12) beschrieben. Der absteigende Ast ist durch die Bruchstauchung $\varepsilon_{cu}(\Theta)$ gegeben. Zwischen $\varepsilon_{c1}(\Theta)$ und $\varepsilon_{cu}(\Theta)$ kann linearisiert werden. Da diese Parameter je nach Prüfmethode Streuungen unterworfen sind, werden nur empfohlene Werte angegeben. Das Hochtemperaturkriechen ist in diesem Stoffgesetz schon enthalten. Praktisch übereinstimmende Kurven haben Diederichs et al. (1980) bei Druckversuchen erreicht mit einer Aufheizgeschwindigkeit von 2 °C/min und einer Dehngeschwindigkeit von 0.5 ‰/min. Das dargestellte Stoffgesetz hat nach [ENV 1994-1-2] Gültigkeit für Aufheizgeschwindigkeiten zwischen 2 und 50 °C/min.

Die Zugfestigkeit des Betons unter hohen Temperaturen spielt in der Regel eine untergeordnete Rolle, sie ist jedoch bei Betonhohlplatten bedeutungsvoll (Schub, Verankerung). Zur Berücksichtigung der Zugfestigkeit im Stoffgesetz wird nachfolgend das Spannungs-Dehnungs-Verhalten auf Zug als affine Kurve zum Spannungs-Dehnungs-Verhalten auf Druck genähert. Dazu werden die bestimmenden Parameter auf der Zugseite als einen Zehntel der Werte auf der Druckseite angenommen [ENV 1994-1-2]. Obwohl die Zugfestigeit einen stärkeren Abfall infolge Temperatur als die Druckfestigkeit zeigt [Anderberg und Thelandersson (1973)], wird einfachheitshalber auf Zug derselbe Reduktionsfaktor genommen wie auf Druck [Franssen (1987)].

Grundlagen

$$\sigma_c(\Theta) = f_c(\Theta) \cdot \left(\frac{\varepsilon_c(\Theta)}{\varepsilon_{c1}(\Theta)} \cdot \frac{3}{2 + \left(\frac{\varepsilon_c(\Theta)}{\varepsilon_{c1}(\Theta)}\right)^3} \right) \qquad (2.12)$$

$f_c(\Theta)$: Druckfestigkeit
$\varepsilon_{cu}(\Theta)$: Bruchstauchung
$\varepsilon_{c1}(\Theta)$: Stauchung bei max. Spannung

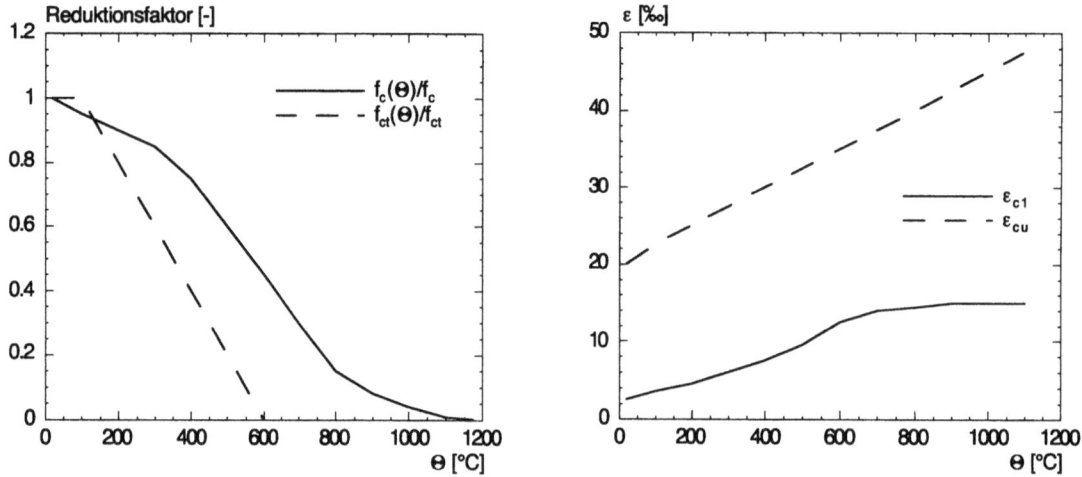

Abb. 2.10 Reduktionsfaktoren für Druck- und Zugfestigkeit und Stauchung bei grösster Festigkeit und Bruchstauchung von Beton nach ENV 1992-1-2

Festigkeitsversuche von Schneider (1982) haben ergeben, dass die Ausgangsfestigkeit und der W/Z-Faktor wenig Einfluss auf die Festigkeits-Temperatur-Beziehung haben. Insofern ist dieses Stoffgesetz zweckmässig für numerische Untersuchungen an Stahl- und Spannbetonbauteilen. Das dargestellte Stoffgesetz gilt für Normalbeton mit quarzitischen Zuschlägen. Für kalkhaltige Zuschläge sind die bestimmenden Parameter in ENV 1992-1-2 definiert.

Verformungsverhalten bei einachsialer Beanspruchung

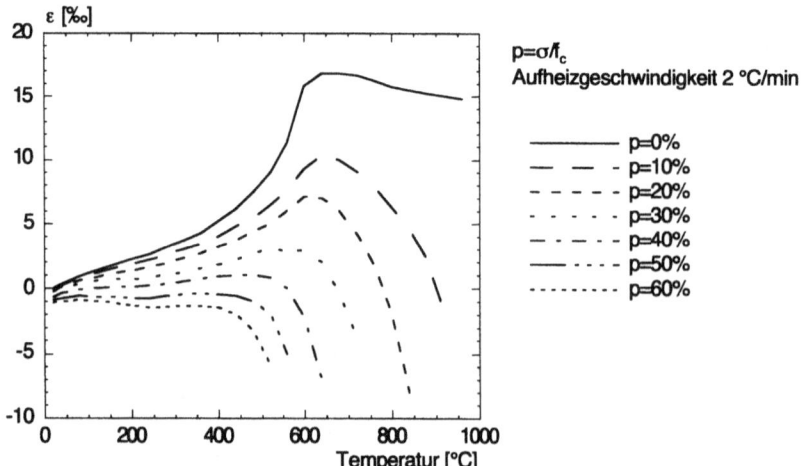

Abb. 2.11 Gesamtverformung von Probekörpern aus Beton mit quarzitischem Zuschlag unter konstanter Belastung und instationärer Wärmebeanspruchung aus [Schneider (1977)]

Unterliegt ein Betonquerschnitt während der Aufheizung einer Beanspruchung, wie dies in der Praxis häufig der Fall ist, überlagern sich der reinen Dehnung auch lastabhängige Verformungsanteile. Damit verringern sich die Dehnungen mit zunehmendem Belastungsgrad. Abb. 2.11 zeigt die Ergebnisse solcher Versuche: schon bei geringer Belastung und Temperatur treten zusätzliche Stauchungen, die sog. Übergangsverformungen, gegenüber der reinen thermischen Dehnung auf.

Die Gesamtverformung ε_{tot} setzt sich gemäss Abb. 2.12 und (2.13) zusammen aus der thermischen Dehnung ε_{th} inkl. Schwinden, der elastischen Verformung ε_{el}, der Übergangsverformung ε_{tr} während der Aufheizperiode und der Kriechverformung ε_{st} bei konstanter Temperatur. Die Übergangsverformung setzt sich aus einem elastischen Verformungsanteil $\varepsilon_{tr,el}$ und dem Übergangskriechen $\varepsilon_{tr,k}$ zusammen.

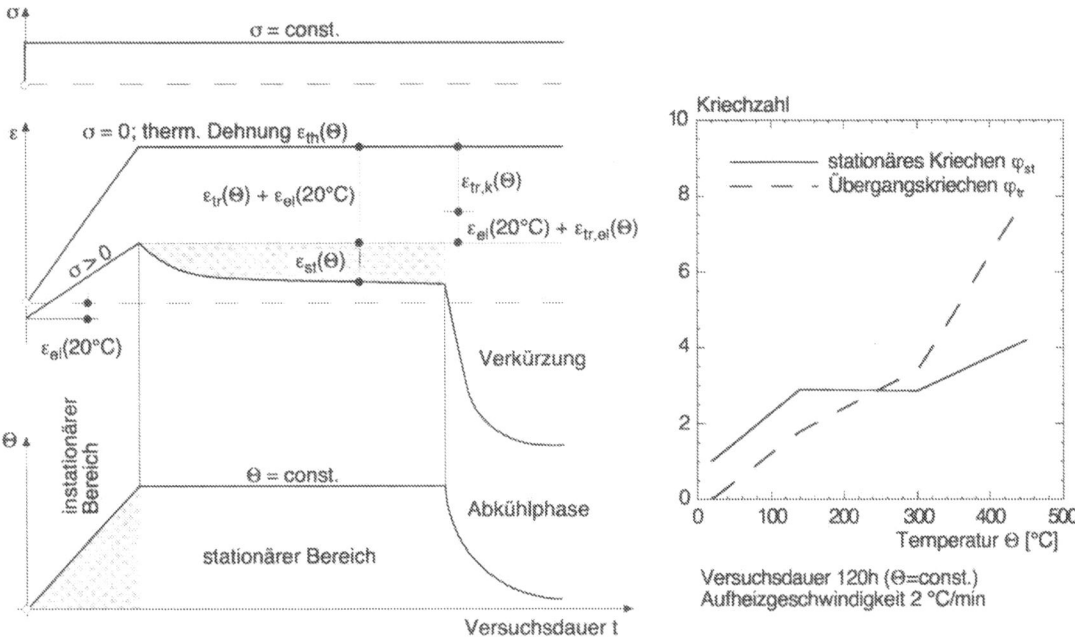

Abb. 2.12   Stationäres Kriechen und Übergangskriechen von Beton aus [Schneider (1977)]

Versuche an Betonkörpern von Schneider (1977) belegen, dass in Abhängigkeit der Belastung die Übergangsverformungen (nach kurzen Aufheizperioden) die stationären Kriechverformungen (nach längerer Versuchsdauer) erheblich übertreffen. Sie beeinflussen damit das Gesamtverhalten des Betons entscheidend.

$$\varepsilon_{tot}(\Theta) = \varepsilon_{th}(\Theta) + \varepsilon_{el}(20°C) + \varepsilon_{tr}(\Theta) + \varepsilon_{st}(\Theta) \qquad \text{mit } \varepsilon_{tr} = \varepsilon_{tr,el} + \varepsilon_{tr,k} \qquad (2.13)$$

$$\varphi_{st}(\Theta) = \frac{\varepsilon_{st}(\Theta)}{\varepsilon_{el}(20°C)} \qquad (2.14)$$

$$\varphi_{tr}(\Theta) = \frac{\varepsilon_{tr,k}(\Theta)}{\varepsilon_{el}(20°C)} \qquad (2.15)$$

ε_{el}:   elastische Verformung bei 20°C
ε_{st}:   Kriechverformung bei konstanter Temperatur Θ
ε_{th}:   thermische Dehnung inkl. Schwinden
ε_{tr}:   Übergangsverformung während der Aufheizphase mit der Endtemperatur Θ
φ_{st}:   Kriechzahl für stationäres Kriechen
φ_{tr}:   Kriechzahl für Übergangskriechen

Grundlagen

Zum besseren Vergleich der Kriechverformungen können die Kriechzahlen berechnet werden (2.14/15). Obengenannte Versuche zeigen, dass das Übergangskriechen nur beim erstmaligen Erwärmen des Betons auftritt. Es gewinnt erst ab 80°C für Beton an Bedeutung. Zwischen 80 und 300°C wurden Kriechzahlen zwischen 2 und 4 nachgewiesen.

2.4 Materialverhalten von Stahl

2.4.1 Materialverhalten von Stahl bei Raumtemperatur

Die für das Tragverhalten relevanten Eigenschaften von Stahl sind durch die Kennwerte Fliessgrenze f_y, Elastizitätsmodul E, Bruchdehnung ε_u und Verfestigung f_t/f_y gegeben. Die Kennwerte einzelner Stahlsorten unterscheiden sich je nach Herstellungsverfahren deutlich. In den ETH-Versuchen wurden Baustahl, naturharter Bewehrungsstahl und Litzen eingesetzt.

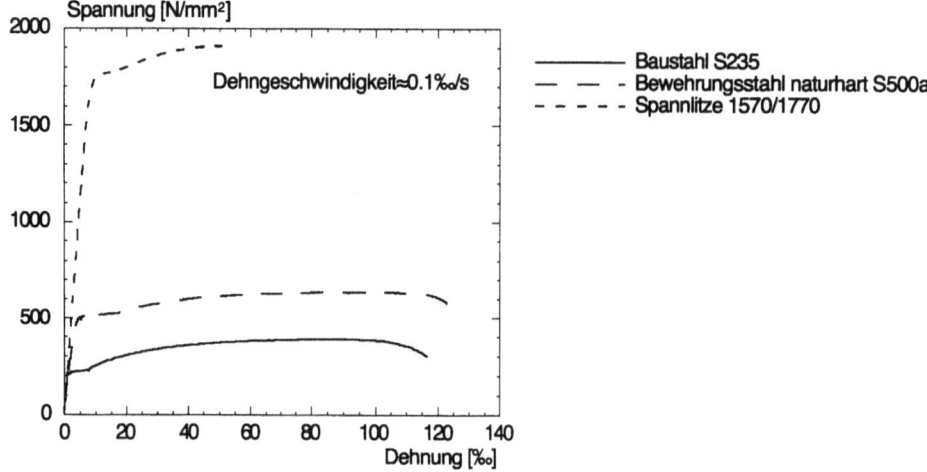

Abb. 2.13   Spannungs-Dehnungs-Diagramm von den in den Versuchen der ETH eingesetzten Stählen

Abb. 2.13 zeigt Spannungs-Dehnungs-Kurven von Zugversuchen an den Stählen des Brandversuches PTT aus [Borgogno und Fontana (1995)]. Die Unterschiede im Verformungsverhalten der verschiedenen Stähle ist deutlich sichtbar. Eine Steigerung der Fliessgrenze ist durch Vergüten, bei naturharten Stählen durch eine Erhöhung des Legierungs-Gehaltes und bei kaltverformten Stählen durch Ziehen und Verwinden möglich. Mit zunehmender Festigkeit verschlechtert sich die Duktilität, d.h. die Eigenschaft, durch plastische Verformung Energie zu dissipieren.

2.4.2 Materialverhalten von Stahl bei erhöhten Temperaturen

Strukturelle Veränderungen des Stahls bei erhöhten Temperaturen

Die Mikrostruktur eines Stahles hängt von der chemischen Zusammensetzung und der Herstellung ab. Sie bestimmt im wesentlichen das Verformungsverhalten eines Stahles. Stähle durchlaufen im Zuge ihrer Erwärmung veschiedene Kristallgitterformen (α-, γ- und δ-Eisen), die häufig mit unstetigen Änderungen in den physikalischen Eigenschaften verbunden sind. Bei unlegierten und niedriglegierten Stählen sind in Abhängigkeit vom Legierungsgehalt folgende Umwandlungstemperaturen zu beachten: A_2-Umwandlung (680 bis 832°C), A_3-Umwandlung (α- in γ-Eisen, 810 bis 930 °C), A_4-Umwandlung (γ- in δ-Eisen, 1401°C), Erweichung (Solidus, 1460 bis 1470°C) und Schmelzen (Liquidus, 1500 bis 1530°C) [Knoblauch und Schneider (1995)].

Materialverhalten bei einachsigem Zug oder Druck

Bei hohen Temperaturen ist das Materialverhalten stark von der Prüfmethode abhängig. Von den verschiedenen Versuchsarten wie Warmzugversuch, Warmkriechversuch oder Relaxationsversuch mit konstanter oder instationärer Temperatur ist der Warmkriechversuch mit konstanter Aufheizgeschwindigkeit am besten zur Untersuchung des Verformungsverhaltens von Stahl bei einer Brandbeanspruchung geeignet.

Massgebend für das Verformungs- und Festigkeitsverhalten der Stähle ist neben der Werkstoffbehandlung (Wärmebehandlung oder Kaltverformung) auch die Legierungszusätze, der Bauteilquerschnitt und die Belastungs- und Temperaturgeschichte.

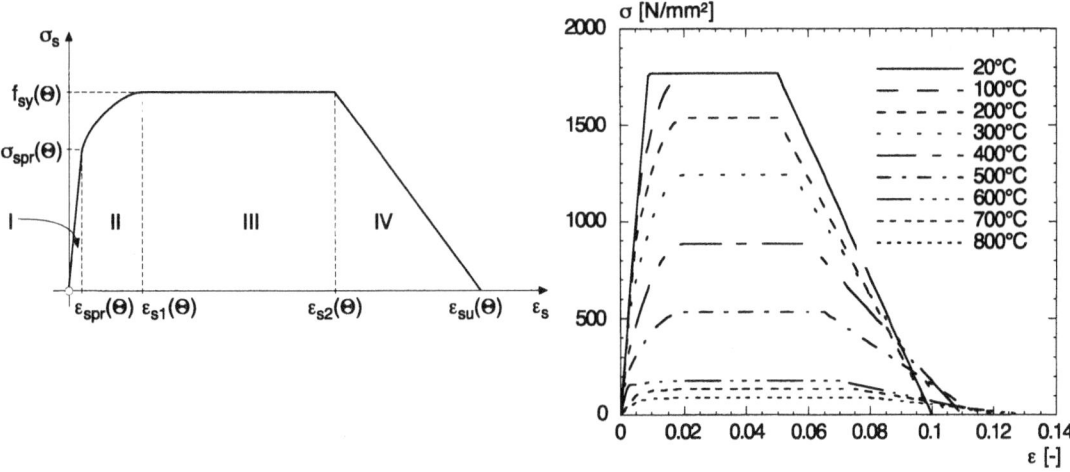

Abb. 2.14 Qualitatives Spannungs-Dehnungs-Diagramm für Stahl und Spannungs-Dehnungs-Diagramm für eine Litze bei hohen Temperaturen nach ENV 1992-1-2

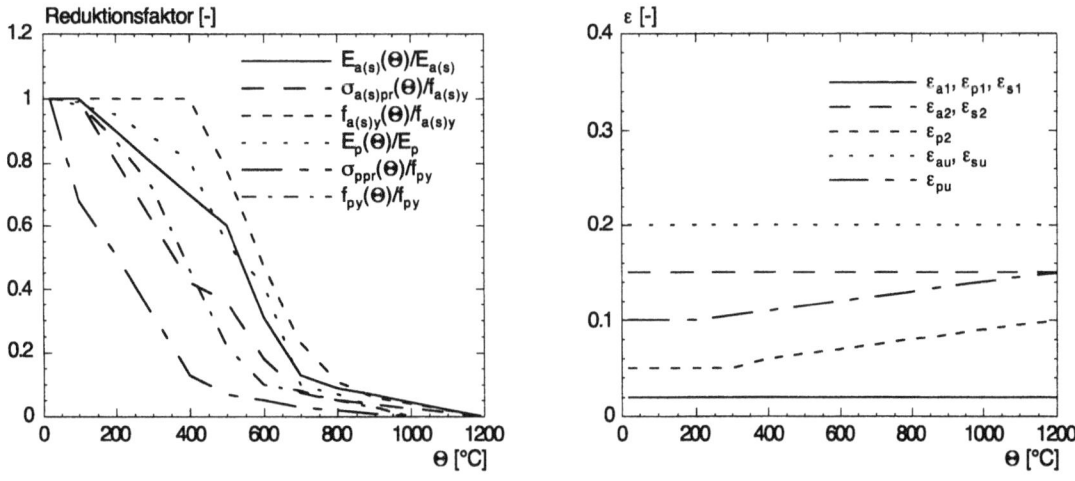

Abb. 2.15 Reduktionsfaktoren für Proportionalitätsgrenze, E-Modul und Fliessgrenze von Bau- bzw. Bewehrungsstahl und Litzen und entsprechende Dehnungskennwerte nach ENV 1992-1-2

Grundlagen

Die ENV 1992-1-2 und ENV 1993-1-2 enthalten Stoffgesetze für Bau- und Bewehrungsstahl bei hohen Temperaturen für Zug und Druck (Abb. 2.14) und haben Gültigkeit für Aufheizgeschwindigkeiten zwischen 2 und 50 °C/min [ENV 1994-1-2]. Die Spannungs-Dehnungs-Beziehung kann unabhängig von der Stahlart in 4 Bereiche eingeteilt werden. Sie wird durch drei Parameter definiert: E-Modul $E_s(\Theta)$, Proportionalitätsgrenze $\sigma_{spr}(\Theta)$ und Fliessgrenze $f_{sy}(\Theta)$. Die Parameter sind für die Stahlarten Baustahl (Index a), Spannlitzen (Index p) und warmgewalzter Bewehrungsstahl (Index s) verschieden. Diesen Parametern entsprechende empfohlene Dehnungen werden in Abb. 2.15 wiedergegeben.

Der Bereich I in Abb. 2.14 beinhaltet die elastische Phase und wird mit dem Hooke'schen Gesetz beschrieben (2.16 und 2.17).

$$\sigma_s(\Theta) = \varepsilon_s(\Theta) \cdot E_s(\Theta) \tag{2.16}$$

$$\varepsilon_{spr}(\Theta) = \frac{\sigma_{spr}(\Theta)}{E_s(\Theta)} \tag{2.17}$$

E_s: temperaturabhängiger E-Modul
ε_s: Dehnung
ε_{spr}: von Proportionalitätsgrenze und E-Modul abhängige Dehnung
σ_s: dehnungsabhängige Spannung
σ_{spr}: temperaturabhängige Proportionalitätsgrenze

Bereich II ist nichtlinear und kann durch einen Ellipsenausschnitt (2.18) beschrieben werden. Der E-Modul in diesem Bereich ergibt sich aus (2.19). Die Werte a, b und c sind Hilfswerte (2.20 bis 2.22).

$$\sigma_s(\Theta) = \frac{b}{a} \cdot \sqrt{a^2 - (\varepsilon_{s1}(\Theta) - \varepsilon_s(\Theta))^2} + \sigma_{spr}(\Theta) - c \tag{2.18}$$

$$E_s(\Theta) = \frac{b \cdot (\varepsilon_{s1}(\Theta) - \varepsilon_s(\Theta))}{a \cdot \sqrt{a^2 - (\varepsilon_{s1}(\Theta) - \varepsilon_s(\Theta))^2}} \tag{2.19}$$

$$a^2 = (\varepsilon_{s1}(\Theta) - \varepsilon_{spr}(\Theta))^2 + \frac{c}{E_s(\Theta)} \cdot (\varepsilon_{s1}(\Theta) - \varepsilon_{spr}(\Theta)) \tag{2.20}$$

$$b^2 = E_s(\Theta) \cdot (\varepsilon_{s1}(\Theta) - \varepsilon_{spr}(\Theta)) \cdot c + c^2 \tag{2.21}$$

$$c = \frac{(f_{sy}(\Theta) - \sigma_{spr}(\Theta))^2}{2 \cdot (\sigma_{spr}(\Theta) - f_{sy}(\Theta)) + E_s(\Theta) \cdot (\varepsilon_{s1}(\Theta) - \varepsilon_{spr}(\Theta))} \tag{2.22}$$

f_{sy}: temperaturabhängige Fliessgrenze
ε_{s1}: Dehnung bei Beginn Stahlfliessen

Der Bereich III ist ideal-plastisch und wird durch (2.23) und (2.24) beschrieben.

$$\sigma_s(\Theta) = f_{sy}(\Theta) \tag{2.23}$$

$$E_s(\Theta) = 0 \tag{2.24}$$

Bereich IV beschreibt den absteigenden Ast der Spannungs-Dehnungs-Beziehung und kann als lineare oder nichtlineare Kurve beschrieben werden. (2.25) steht für einen linearen Verlauf.

$$\sigma_s(\Theta) = \frac{-f_{sy}(\Theta) \cdot \varepsilon_s(\Theta)}{\varepsilon_{su}(\Theta) - \varepsilon_{s2}(\Theta)} + \frac{f_{sy}(\Theta) \cdot \varepsilon_{su}(\Theta)}{\varepsilon_{su}(\Theta) - \varepsilon_{s2}(\Theta)} \tag{2.25}$$

ε_{su}: temperaturabhängige Bruchdehnung

ε_{s2}: Dehnung bei Beginn Stahlverfestigung (Beginn absteigender Ast des Stoffgesetzes)

In diesem Stoffgesetz sind die Anteile des instationären Hochtemperaturkriechens als auch der temperaturabhängigen elastischen und plastischen Verformungen näherungsweise enthalten. Insofern ist dieses Stoffgesetz zweckmässig für numerische Untersuchungen an Stahl- und Spannbetonbauteilen.

2.5 Verbundverhalten von Stahl und Beton

2.5.1 Verbundverhalten von Stahl und Beton bei Raumtemperatur

Der Verbund zwischen Stahl und Beton beeinflusst das Verhalten des Verbundwerkstoffes Stahl- bzw. Spannbeton massgeblich. Einerseits ist er verantwortlich für die Verankerung von Zugkräften bei Stahlbetonträgern mit Bewehrung ohne Endverankerung. Andererseits bestimmt er Rissbild und -weiten in Bauteilen.

Der Verbund zwischen Spannstahllitze und Beton kann in die drei Arten Haftverbund, Scherverbund und Reibverbund aufgeteilt werden (Abb. 2.16a). Der Haftverbund beruht auf der chemisch-physikalischen Adhäsion zwischen Stahl und Beton und ist abhängig von der Oberflächenbeschaffenheit des Stahles und der Festigkeit des Zementsteins. Der Scherverbund entsteht aus mechanischer Behinderung der Verwindung der spiralförmig angeordneten äusseren Drähte der Litze [Abrishami und Mitchell (1993)]. Dieser ist abhängig von der Anzahl Einzeldrähte der Litze und deren Durchmesser und von der Verwindungslänge. Der Reibverbund zwischen Beton und Stahl beruht auf der radialen Druckspannung, die durch Schwinden des erhärteten Zementsteins, der Keilwirkung des Litzenendes (Hoyer-Effekt) und der Querverformung (Poisson-Effekt) zustande kommt.

Durch die diskontinuierliche Kraftübertragung infolge der Rippen bei Betonstählen bzw. Verwindungen bei Litzen treten nach Goto (1971) lokale Spannungskonzentrationen auf, die zu elastischen und plastischen Verformungen und auch zu Mikrorissen führen (Abb. 2.16b). In den sich ausbildenden Betonkonsolen entstehen hohe Druckspannungen und somit in radialer Richtung Zugspannungen. Bei geringer Betondeckung kann jedoch der Beton dadurch in Längsrichtung aufreissen, bei genügender Betonüberdeckung der Litze kann der Scherverbund überschritten werden, und Gleiten der Litze tritt ein (für Verbundversagen üblicher Gleitbruch).

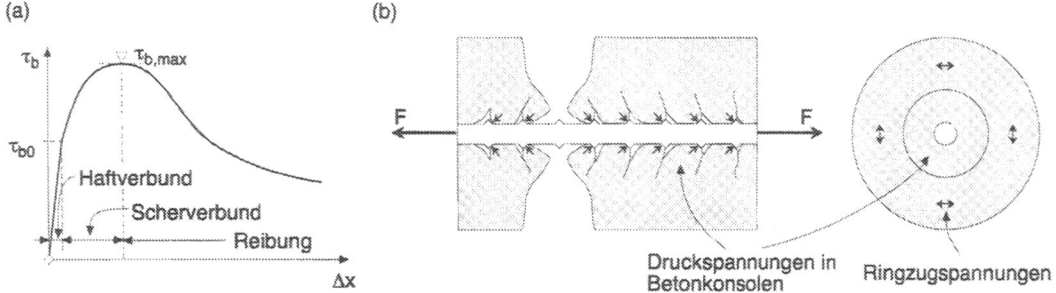

Abb. 2.16 (a) Qualitative Darstellung der Verbundspannung-Schlupf-Beziehung bei einem Gleitbruch und (b) Beanspruchung des Betons infolge des Verbunds

Die komplizierte Kraftübertragung zwischen Stahl und Beton kann durch eine nominelle Verbundspannung ausgedrückt werden. Das Verbundverhalten wird durch die Beziehung zwischen Verbundspannung τ_b und Relativverschiebung Δx (Schlupf) beschrieben.

Grundlagen

Die Verbundspannung-Schlupf-Beziehung wird experimentell ermittelt. Dazu können mit Versuchskörpern die Beanspruchungszustände in verschiedenen Tragwerksbereichen nachgebildet werden. In Biegeträgern können im gerissenen Zustand drei Beanspruchungszustände (Abb. 2.17a) unterschieden werden: der Verankerungsbereich (M≈0), die Diagonalschubzone, die Biegeschubzone (M und V) und die Biegezugbereich (V≈0). Die Verankerungszone kann durch Balkenendkörper (Abb. 2.17b) angenähert werden. Hier werden Querpressungen aufgebracht, wie sie bei Trägern im Auflagerbereich vorkommen. Beim Konsolkörper (Abb. 2.17c) wird die Zugkraft im Stahl über Verbund und Schub in den Beton abgetragen. Als allgemeiner Prüfkörper hat sich v.a. der Ausziehversuch durchgesetzt (Abb. 2.17d). Mit ihm kann zwar keine der dargestellten Bauteilbeanspruchungen abgebildet werden, aber er eignet sich gut zur Untersuchung von verschiedenen Einflussparametern auf das Verbundverhalten. Bei allen Prüfkörpern beträgt die Einbettungslänge ℓ_b.

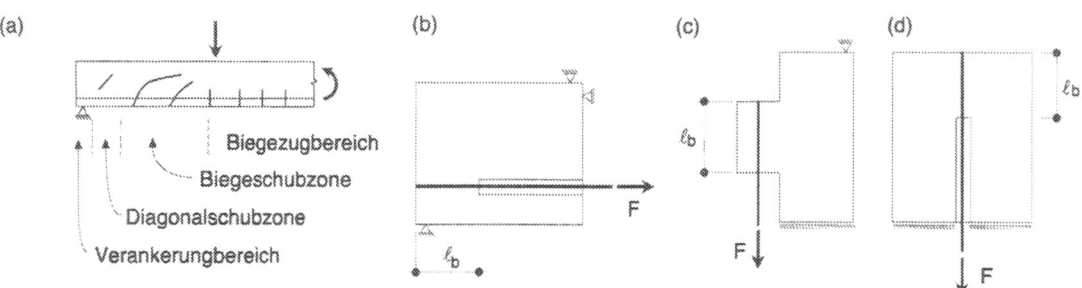

Abb. 2.17 (a) Charakteristische Zonen der Verbundbeanspruchung im Bauteil und (b) bis (d) mögliche Nachbildung durch Versuchskörper

Beim Ausziehversuch wird die Last direkt über den Stahl aufgebracht. Daraus lässt sich die nominelle Verbundspannung τ_b über die gesamte Einbettungslänge ℓ_b (2.26) ermitteln. Der mittleren Verbundspannung wird die am lastfreien Ende gemessene Relativverschiebung zugeordnet. Die so gewonnene Beziehung wird als Verbundgesetz bezeichnet und stellt eine Näherung des wirklichen Verbundspannung-Schlupf-Verhaltens dar. Ausziehversuche zeigen grosse Streuungen.

$$\tau_b = \frac{F}{\varnothing \cdot \pi \cdot \ell_b} \tag{2.26}$$

Mit geeigneten Stoffgesetzen für den Verbund kann der Spannungszustand in der Zugzone eines Stahlbetonbauteils ermittelt werden. Dazu werden Rechenfunktionen $\tau_b=f(\Delta x)$ zur Beschreibung der Verbundgesetze definiert. Wirklichkeitsnahe und differenzierte Ansätze liefern Rehm (1961), Noakowski (1988) und den Uijl (1994). Diese nichtlinearen Stoffgesetze gelten für monodirektionale Belastungsvorgänge im Gebrauchszustand. Sie beschreiben das Verschiebungsverhalten im Versagensbereich nicht.

$$\frac{\tau_b}{f_{cc}} = a_0 + b_0 \cdot \Delta x^{1/\beta} \tag{2.27}$$

$$\tau_b = \tau_0 + b \cdot \Delta x^{1/\beta} \qquad [kp/cm^2, cm] \tag{2.28}$$

$$f_R = \frac{A_R}{A_M} \tag{2.29}$$

$$u_b = \varnothing \cdot \pi = 6 \cdot r_1 \cdot \pi \qquad \text{mit } r_1 = \frac{1}{2} \cdot \sqrt{\frac{4 \cdot A_p}{7 \cdot \pi}} \tag{2.30}$$

A_M: Mantelfläche

Verbundverhalten von Stahl und Beton

A_R: Rippenabstützfläche
A_p: Querschnittsfläche der Litze
b: Konstante zur Berücksichtigung der Profilierung und der Betonfestigkeit
f_R: bezogene Rippenfläche
r_1: Radius eines Litzendrahtes
u_b: bezogener Litzenumfang
β: Konstante zur Berücksichtigung der Profilierung
τ_b: Verbundspannung
τ_0: Haft- und Reibungsverbund, Δx=0
Δx: Schlupf der Litze bzw. des Drahtes

Rehm (1961) legte dem Stoffgesetz Versuche zugrunde und traf den Ansatz nach (2.27). Dieser kann nach Martin (1975) in (2.28) umformuliert werden. τ_0 beschreibt die max. Verbundspannunge infolge Haftung, der nur von der Betonfestigkeit abhängt. Die Konstanten b und β werden durch die Profilierung der Bewehrung beeinflusst, b zusätzlich noch durch die Betonfestigkeit. Als Mass für die Profilierung gilt die bezogene Rippenfläche f_R (2.29), die das Verhältnis der Rippenabstützfläche A_R zur zugehörigen Mantelfläche A_M beschreibt.

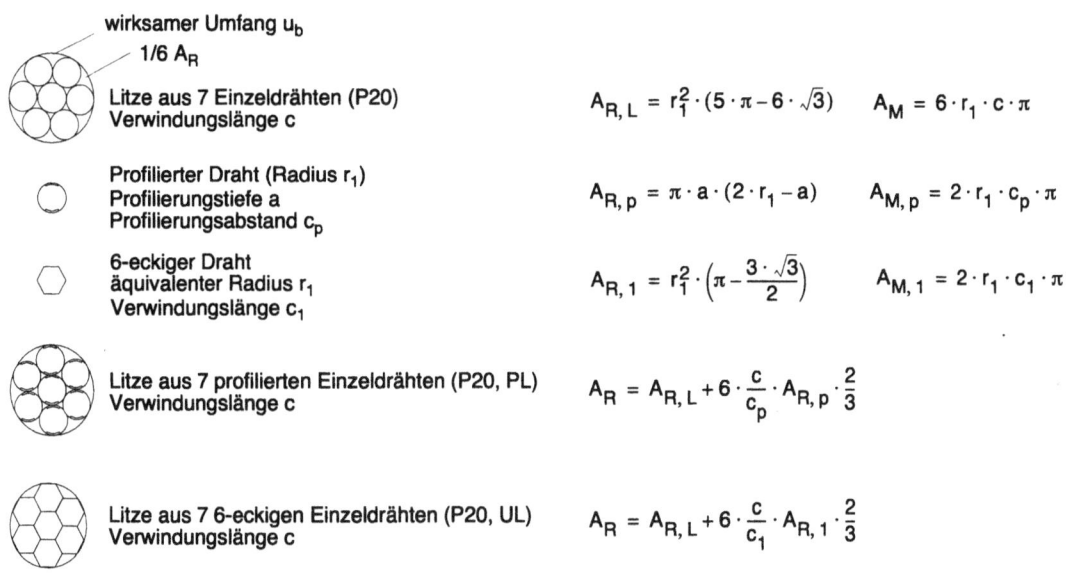

Abb. 2.18   Bezogene Rippenfläche von Litzen

In Abb. 2.18 wird die bezogene Rippenfläche f_R von Litzen wiedergegeben [Birkenmaier (1977)]. Sie wird ergänzt mit einem neuen Ansatz für f_R für Litzen aus profilierten und 6-eckigen tordierten Drähten. Dabei wird zur Rippenabstützfläche der normalen Litze die Rippenabstützfläche der profilierten Drähte addiert, welche um das Verhältnis der Rippenabstände bzw. Verwindungslängen vergrössert wird. Die Mantelflächen aller Litzen bleiben bei gleicher Verwindungslänge gleich.

Martin (1975) hat nach dem Verbundgesetz von Rehm (2.27) Versuche ausgewertet (2.28). Diese Daten dienten als Grundlage zur Berechnung der Verbundspannung-Schlupf-Beziehung für die Litzen der ETH-Versuche. Fehlende Werte wurden interpoliert bzw. bei tieferer Festigkeit extrapoliert. Das Diagramm in Abb. 2.19 zeigt, dass der Scherverbund der Litzen mit der Rippenabstützfläche bzw. mit der bezogenen Rippenfläche grösser wird. Die Litzen aus profilierten Drähten (P20, PL bzw. UL) sind weniger duktil, dafür haben sie eine wesentlich höhere Verbundfestigkeit. Die Litzen aus sechseckigen tordierten Drähten (P20, UL) haben nach dem Gesetz von Rehm zwar steifere Verbundeigenschaften, jedoch führte die sehr schlechte Betonqualität der Hohlplatten P20, UL zu einem etwas weicheren Stoffgesetz als für die Hohlplatten mit Litzen aus Drähten mit eingewalzter Profilierung (P20, PL).

Grundlagen

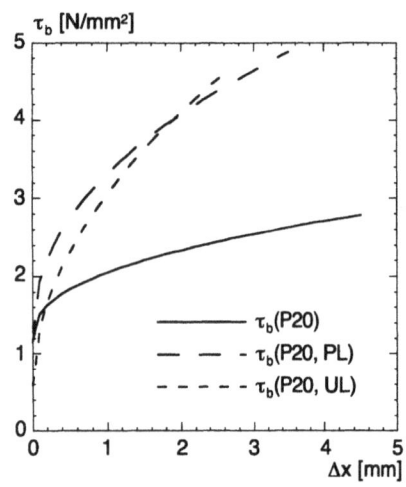

Platte	Draht	f_R	f_{cc}	τ_0	b	β
P20	glatt	0.003	36.1	1.2	22.4	2.476
P20, PL	prof.	0.006	36.1	1.2	59.2	2.272
P20, UL	6-eckig	0.016	18.2	0.6	80.4	1.944
-	prof.	0.003	-	-	-	-
-	6-eckig	0.010	-	-	-	-

b, β: Hilfswerte
f_{cc}: Mittelwert der Würfeldruckfestigkeit
f_R: bezogene Rippenfläche
τ_0: Haft- und Reibungsverbund, $\Delta x=0$

Abb. 2.19 Stoffgesetz für den Verbund nach Martin (1975) für Litzen der ETH-Versuche

Naokowski (1988) schlägt den Ansatz nach (2.31) für das Stoffgesetz des Verbundes vor. Die Konstanten A und N beinhalten die Beschaffenheit der Bewehrung und deren Lage. Für profilierte Bewehrungsstähle gibt er die Konstanten A=0.55 und N=0.11 an. Da jedoch keine Werte (für A und N) für Litzen aus verschiedenen Drähten in der Literatur gefunden wurden, hat sich dieses Stoffgesetz nicht für die Modellierung des Verformungsverhaltens der drei sich unterscheidenden Litzentypen geeignet.

$$\tau_b = A \cdot \Delta x^N \cdot f_{cc}^{2/3} \tag{2.31}$$

A, N: Konstanten zur Berücksichtigung der Bewehrungstahl- und Betoneigenschaften
f_{cc}: mittlere Würfeldruckfestigkeit
Δx: Schlupf des Bewehrungstahls
τ_b: Verbundspannung

Den Uijl (1994) hat das Verbundverhalten von Litzen aus glatten Drähten untersucht. Er hat bei seinen Versuchen zwei grundsätzliche Arten unterschieden: Ausziehversuche (pull-out) und Versuche, bei welchen eine vorgespannte Litze nach dem Erhärten des Betons durch eine hydraulische Presse langsam entspannt wird (push-in). Bei den pull-out-Versuchen mit kurzer Einbettungslänge wird der Einfluss der Querverformung der Litze nicht berücksichtigt, was eine Grundlage für die Verankerungslänge im spannungslosen Zustand liefert. Die push-in Versuche berücksichtigen die Keilwirkung der entspannten Litze, womit man das Einleiten der Vorspannkraft (Übertragungslänge) simulieren kann. Die Verbundspannung von Litzen kann als Funktion von Schlupf, der lokalen Spannungsänderung in der Litze und der Reaktion des umgebenden Betons auf die Querkontraktion der Litze beschrieben werden. Letztere wird beeinflusst von der Zugfestigkeit und Steifigkeit des Betons, der Überdeckung und der Abstände zwischen den Litzen und der Auflagerpressungen [CEB (1992)]. Er hat das Stoffgesetz (2.32) aus ca. 60 Versuchen für einen Beton mit f_c=55.4 N/mm², Litzen mit Ø=9.3mm und einer Einbettungslänge (Abb. 2.17) von 50 oder 88mm genähert. Die Verbundspannung wird als Funktion des Schlupfes und der Stahlspannungsänderung definiert.

$$\tau_b = \tau_e + 0.4 \cdot \Delta x - 2.5 \cdot 10^{-3} \cdot \Delta\sigma_p + 1.5 \cdot 10^{-3} \cdot |\Delta\sigma_p| \qquad \text{für } \Delta x \geq \Delta x_e \tag{2.32}$$

$\Delta\sigma_e$: lokale Spannungsänderung in der Litze
Δx: Schlupf der Litze
Δx_e: =0.2mm, Verschiebung bis zum Zerbrechen des starren Verbundes
τ_e: =3 N/mm², Verbundspannung beim Überschreiten des starren Verbundes
τ_b: Verbundspannung

Diesem Sachverhalt wird für die Übertragungslänge im Model Code 1990 [CEB (1992)] durch einen Reduktionsfaktor für die Art des Ablassens der Spannbettvorspannung vereinfachend Rechnung getragen. Die Verbundqualitäten werden massgebend beeinflusst von der Verdichtung des Betons, von Zementmischungsunregelmässigkeiten um die Litzen und der Setzung des nicht erhärteten Betons unter den Litzen. Als Verbundfestigkeit wird in [CEB (1992)] der Wert (2.33) angegeben. Mit der Betonzugfestigkeit wird die Betonqualität berücksichtigt, mit η_{p1} die Form der Bewehrung (für Litzen η_{p1}=1.2) und mit η_{p2} die Lage der Bewehrung während dem Betonieren (für Betonhohlplatten η_{p2}=1.0).

$$f_{bp} = \eta_{p1} \cdot \eta_{p2} \cdot f_{ct} \tag{2.33}$$

$$f_{bp} = 4 \cdot \sqrt{\frac{f_{cc}}{u_b}} \tag{2.34}$$

f_{bp}: plastische Verbundfestigkeit von Litzen
f_{ct}: Zugfestigkeit von Beton
f_{cc}: mittlere Würfeldruckfestigkeit von Beton
u_b: wirksamer Litzenumfang
η_{p1}: =1.2 für Litzen, Konstante zur Berücksichtigung der Form der Bewehrung
η_{p2}: =1.0 für Betonhohlplatten, Konstante zur Berücksichtigung der Betonierart

Marti (1995) hat mit Spannkabeln aus 7 Litzen mit Stahl- und Kunststoffhüllrohren Verbundversuche durchgeführt. Die Ergebnisse zeigen, dass für diese Kabeltypen eine starr-plastische Idealisierung der Verbundspannung-Schlupf-Beziehung für praktische Zwecke genügend genau ist. Für die plastische Verbundfestigkeit hat er (2.34) angesetzt. Dieser Ansatz wurde auf die untersuchten Betonhohlplatten übertragen und mit Werten aus der ENV 1992-1-1 verglichen (vgl. Kap. 3.2).

2.5.2 Verbundverhalten von Stahl und Beton bei erhöhten Temperaturen

Das Verbundverhalten von Bewehrungsstählen bei erhöhten Temperaturen wurde v.a. an der Universität Braunschweig intensiv untersucht. Mit den dort entwickelten Verbundgesetzen für Litzen ist es möglich, Aussagen über die Verbundfestigkeit und die Übertragungslänge von Vorspannung mit direktem Verbund im Brandfall zu machen.

Versuche zum Verbundverhalten bei erhöhten Temperaturen

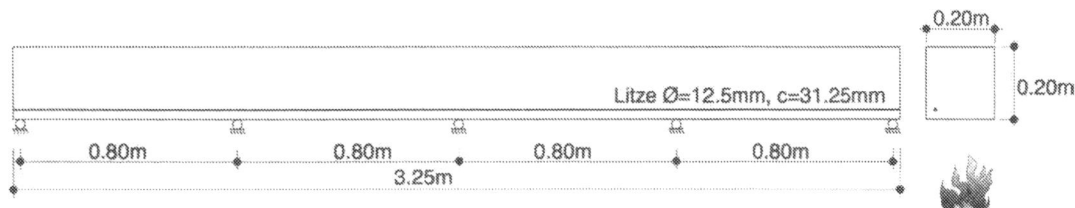

Abb. 2.20   Versuchskörper von Rostásy und Sager (1982) zur Untersuchung der Übertragungslänge von Litzen und Spanndrähten bei erhöhten Temperauren

Rostásy und Sager (1982) haben den Einfluss hoher Temperaturen auf die Einleitungszone der Vorspannkräfte für im Spannbett vorgespannte Balken untersucht. Dazu wurden Schlupf und Dehnungen von den Versuchskörpern (Abb. 2.20) mit den freien Dehnungen der verwendeten Baustoffe verglichen. Die Versuchskörper mit Litzen Ø=12.5mm (7 Drähte à Ø=4.1mm) waren 3.25m lang und in Längsrichtung vorgespannt. Sie waren auf σ_p=0, σ_p=0.6·f_{pt} und σ_p=0.8·f_{pt} vorgespannt. Die Aufheizgeschwindigkeit betrug 1 °C/min. Die folgenden Temperaturen beziehen sich auf den Brandraum.

Beim Versuchskörper ohne Vorspannung (Abb. 2.21) kam es bis 400°C zu einem Spannungsaufbau in der Litze infolge der stärkeren Dehnung des Betons (ab 200°C) und damit verbunden zu Kriechverkürzungen. Ab 400°C traten Stabendverschiebungen und stärkeres Kriechen infolge weiteren Ansteigens der Dehnungsdifferenzen auf. Ab 600°C war keine Dehnungsbehinderung durch den Spannstahl mehr vorhanden.

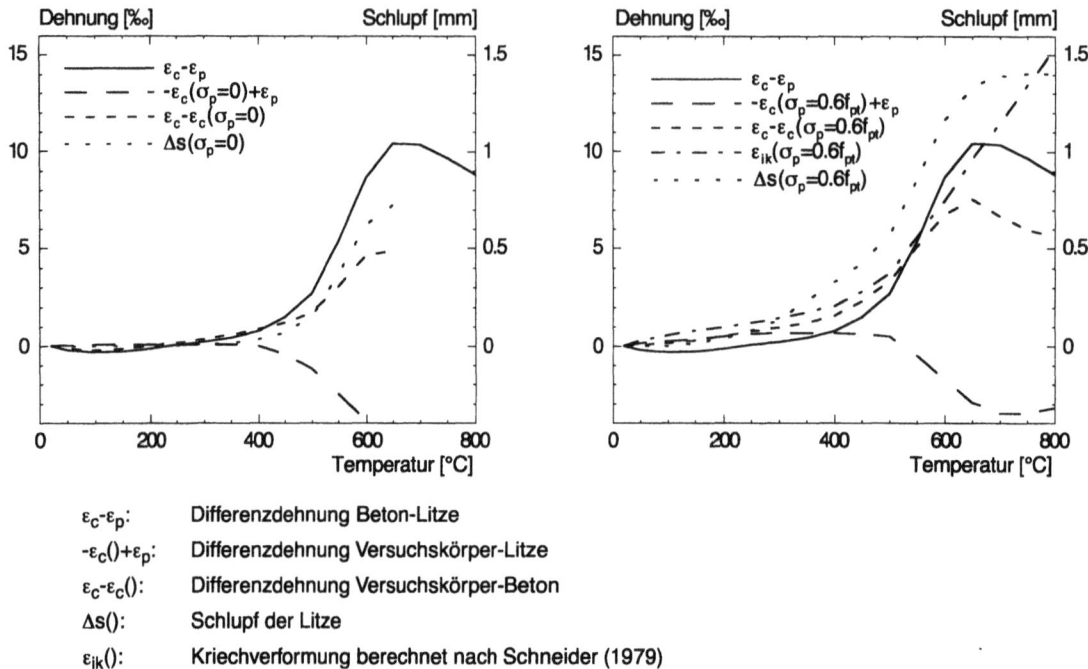

$\varepsilon_c-\varepsilon_p$: Differenzdehnung Beton-Litze
$-\varepsilon_c()+\varepsilon_p$: Differenzdehnung Versuchskörper-Litze
$\varepsilon_c-\varepsilon_c()$: Differenzdehnung Versuchskörper-Beton
$\Delta s()$: Schlupf der Litze
$\varepsilon_{ik}()$: Kriechverformung berechnet nach Schneider (1979)

Abb. 2.21 Dehnverhalten von Versuchskörpern mit unterschiedlichem Vorspanngrad ($\sigma_p=0$ und $\sigma_p=0.6 \cdot f_{pt}$) nach Rostásy und Sager (1982)

Beim gering vorgespannten Versuchskörper ($\sigma_p=0.6 \cdot f_{pt}$, Abb. 2.21) wurde der Vorspannverlust aus Kriechen und Stabendverschiebung durch die zusätzliche Spannungssteigerung aus unterschiedlicher Dehnung zwischen Beton und Stahl ausgeglichen. Erst ab 540°C (Litzentemperatur≈465°C) erhöhten sich die kriecherzeugenden Dehnungen des Versuchskörpers gegenüber denen des Stahles. Bei 700°C (Litzentemperatur≈630°C) war die Vorspannung gänzlich abgebaut.

Beim stark vorgespannten Versuchskörper ($\sigma_p=0.8 \cdot f_{pt}$) nahmen die Kriechdehnungen und das Verbundkriechen mit steigender Temperatur stark zu. Die Vorspannung wurde wegen der unterschiedlichen Dehnung zwischen Beton und Stahl erhöht. Dadurch entstanden zusätzliche Betonzugspannungen im Einleitungsbereich, welche sich zu den bereits vorhandenen Betonzugspannungen (Eigenspannungen, Spaltzug- und Stirnzugspannungen) addierten. Diese Versuchskörper versagten bei ca. 300°C schlagartig durch Aufreissen entlang der Mittellinie.

Morley und Royles (1983) haben in Ausziehversuchen den Einfluss der Betondeckung auf die Verbundfestigkeit bei hohen Umgebungstemperaturen untersucht. Die Einbettungslänge des gerippten bzw. glatten Bewehrungsstahls Ø=16mm betrug 32mm. Der Stahl wurde durch den Ofen durchgeführt, sodass er ausserhalb belastet und dessen Verschiebung gemessen werden konnte. Die Temperatur wurde durch elektrische Heizelemente mit einer Aufheizgeschwindigkeit von 2 °C/min erzeugt (Abb. 2.22).

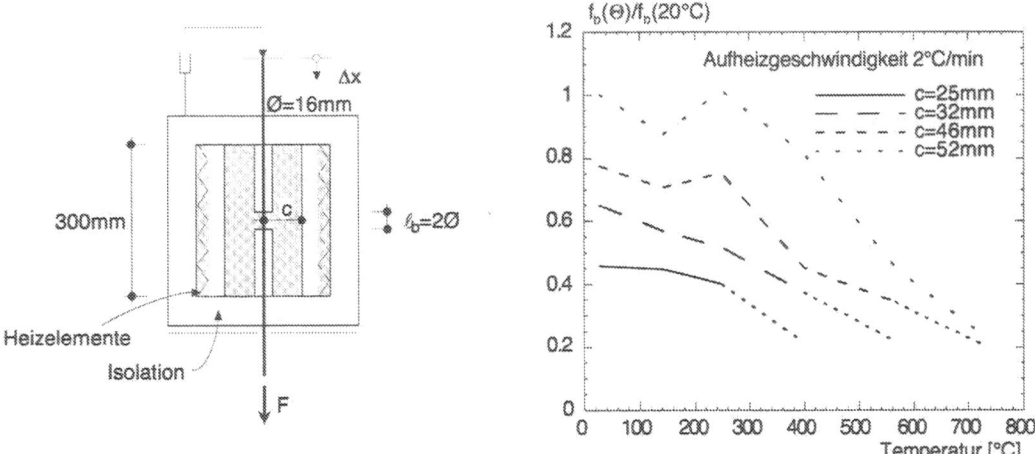

Abb. 2.22 Versuchseinrichtung mit Verbundlänge $\ell_b = 2 \cdot \emptyset$ und Betonüberdeckung c und Abminderung der Verbundfestigkeit für gerippte Bewehrungsstähle $\emptyset = 16$mm mit zunehmender Temperatur bei verschiedenen Betonüberdeckungen c (Verbundfestigkeit $f_b(20°C) = 3.7$ N/mm^2) nach Morley und Royles (1983)

Aus diesen Versuchen folgerten sie, dass Verbundversagen durch Betonbruch direkt neben der Rippe der Bewehrung eintritt. Die Versuchskörper mit grösserer Betonüberdeckung der Bewehrung zeigten Gleitbrüche mit relativ grossem Schlupf. Kleinere Betonüberdeckungen ergaben hauptsächlich Sprengbrüche mit kleinem Schlupf, da die Ringzugspannungen im Beton nicht mehr aufgenommen werden konnten. Die Verbundbruchspannungen zeigten eine klare Abhängigkeit von der Betonfestigkeit. Gerippte Bewehrungsstähle wiesen höhere Verbundfestigkeiten auf als die glatten. Für beide Stähle war jedoch die Verbundfestigkeit-Temperatur-Kurve (Abb. 2.22) ähnlich.

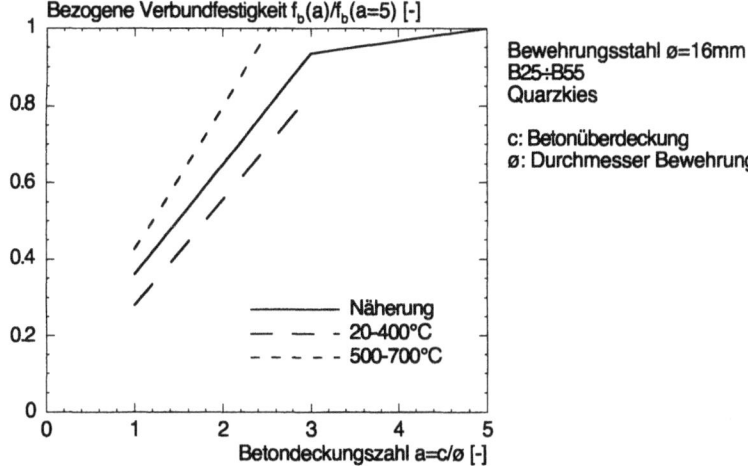

Abb. 2.23 Bezogene Sprengbruchspannungen des Verbundes in Abhängigkeit von der Betondeckung aus stationären Versuchen nach Rostásy und Sager (1985)

Rostásy und Sager (1985) haben in einer Versuchsserie unter Temperatureinwirkung eine lineare Abhängigkeit der temperaturabhängigen Verbundbruchspannung von der Betondeckung gefunden. Für die untersuchten Bewehrungsstähle stellten sie für Betondeckungen a<5 (Abb. 2.23) Sprengbrüche fest. Ihre Versuche zeigten für Betondeckungszahlen a<3 geringere Verbundfestigkeiten als für Betondeckungszahlen a=5. Zwischen a=3 und a=5 wurden annähernd die Werte von a=5 erreicht. Für Temperaturen 500÷700°C ergaben sich günstigere Resultate als

Grundlagen

für 20÷400°C.

Verbundgesetze

Diederichs (1983) konnte nachweisen, dass die Verbundgesetze wesentlich durch die unterschiedliche thermische Dehnung von Beton und Stahl beeinflusst werden, welche im Versuchskörper innere thermische Zwangspannungen verursachen. Seine Versuche ergaben, dass die Verbundfestigkeit bei instationärer thermischer Beanspruchung deutlich geringer ist als bei stationären Temperaturen. Die max. Verschiebungen lagen deutlich über den gemessenen Werten bei stationären Temperaturen.

Den Einfluss der Profilierung von Bewehrungsstählen hat Sager (1985) mit stationären und instationären Ausziehversuchen (Aufheizgeschwindigkeit 1 °C/min) abgeklärt. Er hat Verbundgesetze für Bewehrungsstähle mit bezogenen Rippenflächen f_R=0.003 bis 0.09 für verschiedene Betone ermittelt. Die Rippenreduzierung führt zu hohen Druckspannungen in den Betonkonsolen. Damit verbunden sind grosse Ringzugspannungen. Wegen des schnelleren Absinkens der Betonzugfestigkeit mit steigender Temperatur ist hier der Sprengbruch vorherrschend. Mehrere kleinere Rippen oder kontinuierlich umlaufende Rippen (z.B. Litzen) wirken sich günstig auf die Verbundbruchspannung aus und ergeben weichere Verbundgesetze, da durch die grössere Rippenabstützfläche die Druckspannungen in den Betonkonsolen absinken.

Verbundkriechen

Durch eine dauernde Belastung kommt es auch zu Kriecherscheinungen beim Verbund zwischen Beton und Stahl. Dies geschieht umso mehr, je höher die Temperaturen steigen bzw. je länger sie konstant auf einer bestimmten Temperatur bleiben. Um Gesetzmässigkeiten zu formulieren, werden instationäres und stationäres Verbundkriechen unterschieden. Sager (1995) fand zur Formulierung des Stoffgesetzes für Verbund folgendes:

Beim stationären Verbundkriechen wird die Verbundspannung und die Temperatur über die Zeit konstant gehalten. Als Mass für das Kriechen wird die stationäre Verbundkriechzahl φ_{bk} (2.35) gewählt. Sie ist das Verhältnis von Kriechverschiebung zur spontanen Verschiebung Δx_0 bei der Belastung. Sie ist sowohl vom Temperaturniveau als auch vom Belastungsgrad und der Belastungsdauer abhängig.

$$\varphi_{bk}(\Theta) = \frac{\Delta x(\Theta) - \Delta x_0}{\Delta x_0} = \frac{\Delta x_k(\Theta)}{\Delta x_0} \qquad (2.35)$$

$\Delta x(\Theta)$: Endverschiebung der Bewehrung (Abb. 2.22)
Δx_0: Stabendverschiebung nach Lastaufbringung
$\Delta x_k(\Theta)$: Kriechverschiebung bei konstanten Temperaturen
$\varphi_{bk}(\Theta)$: Kriechzahl des stationären Verbundkriechens

Für die Untersuchung von instationärem Verbundkriechen wird für die Temperaturbeanspruchung i.a. eine lineare Aufheizgeschwindigkeit von 1 °C/min genommen. Für ein Verbundkriechgesetz sind dabei nur die lastbedingten Stabendverschiebungen von Interesse. Dafür müssen von den totalen Stabendverschiebungen des Versuchskörpers die temperaturbedingten abgezählt werden. Sager (1985) schlägt als instationäre Verbundkriechzahl φ_{bi} (2.36) vor. Er leitet aus Versuchen ab, dass die Kriechzahl jeweils in einem bestimmten Temperaturbereich unabhängig von der Verbundspannung, d.h. vom Belastungsgrad, ist.

$$\varphi_{bi}(\Theta) = \frac{\Delta x(\Theta) - \Delta x_0}{\Delta x_0} = \frac{\Delta x_{ki}(\Theta)}{\Delta x_0} \qquad (2.36)$$

$$\varphi_{bi}(\Theta) = q \cdot \Theta^p \qquad (2.37)$$

p, q: Hilfswerte zur Berechnung der instationären Verbundkriechzahl
$\Delta x_{ki}(\Theta)$: Kriechverschiebungen bei instationären Temperaturen

$\varphi_{bi}(\Theta)$: Kriechzahl des instationären Verbundkriechens

Durch eine lineare Regression in doppeltlogarithmischem Masstab von Versuchen von Rostásy und Sager (1985) kann das instationäre Verbundkriechgesetz in (2.37) umgewandelt werden. Für p und q hat er die Werte 1.29 und 0.008 bei einer bezogenen Rippenfläche f_R=0.003 für eine Litze ø=0.5" und einem Beton B55 aus Quarzkies experimentell ermittelt. Der Bereich über 450°C ist nicht durch Versuche abgedeckt.

Zur Formulierung eines allgemeingültigen Verbundkriechgesetzes liegen zu wenige Versuchsresultate vor. Als Anhaltspunkt gilt jedoch, dass die Verbundkriechzahlen von Beton mit höherer Festigkeit grösser sind als diejenigen von Beton mit tieferer Festigkeit.

Stoffgesetze für den Verbund bei konstanten äusseren Lasten und konstanten Temperaturen

Diederichs (1983) und Sager (1985) haben die Stoffgesetze für den Verbund von Martin (1975) und Noakowski (1988) auf hohe Temperaturen übertragen. Beide Ansätze liefern jedoch unbefriedigende Näherungen. Als geeigneter handlicher Ansatz hat sich die von Popovics (1973) benutzte Funktion zur Beschreibung der Betonarbeitslinie erwiesen [Rostásy und Sager (1985)].

Zur Formulierung des temperaturabhängigen Stoffgesetzes des Verbundes müssen die vier Grössen Haftverbundspannung $\tau_{b0}(\Theta)$, Verbundbruchspannung $\tau_{b,max}(\Theta)$, Bruchverschiebung $\Delta x_{max}(\Theta)$ und Verbundkoeffizient $m(\Theta)$ aus den Verbundgesetzen bekannt sein.

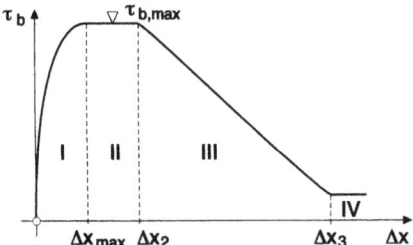

Abb. 2.24 Qualitativer Verlauf des Verbundgesetzes bei stationärer Temperaturbeanspruchung nach Sager (1985)

Die Verbundgesetze lassen sich in vier Bereiche teilen, deren qualitativer Verlauf in Abb. 2.24 dargestellt ist. Der Bereich I ist der Belastungsbereich. Er ist durch das Stoffgesetz (2.38) definiert. Im Bereich II nehmen die Verschiebungen ohne weitere Laststeigerung zu, dieser Bereich wird abgegrenzt durch $\Delta x_2 = 2 \cdot \Delta x_{max}$. Der Bereich III ist gekennzeichnet durch eine erhebliche Verschiebungszunahme bei fallender Last. Der Zusammenhang Verbundspannung-Schlupf wird als linear angenommen. Δx_3 beträgt $9.2 \cdot \Delta x_{max}$. Die zughörige Verbundspannung ist durch (2.39) gegeben. Im Bereich IV ist der Verbund konstant und beträgt ca. $\tau_b = 0.1 \cdot \tau_{b,max}$.

$$\tau_b = \tau_m \cdot \left(\frac{\tau_{b0}}{\tau_m} + \frac{m \cdot \frac{\Delta x}{\Delta x_{max}}}{(m-1) + \left(\frac{\Delta x}{\Delta x_{max}}\right)^m} \right) \quad \text{mit } \tau_m = \tau_{b,max} - \tau_{b0} \quad (2.38)$$

$$\tau_b = \tau_{b,max} \cdot \left(1 - \frac{\tau_{b,max}}{8 \cdot \Delta x_{max}} \cdot (\Delta x - 2 \cdot \Delta x_{max}) \right) \quad (2.39)$$

$m(\Theta)$: Verbundkoeffizient
Δx: Stabendverschiebung
$\Delta x_{max}(\Theta)$: Bruchverschiebung
τ_b: Verbundspannung

Grundlagen

$\tau_{b0}(\Theta)$: Haftverbundspannung

$\tau_{b,max}(\Theta)$: Verbundbruchspannung

Für die Versuche von Sager (1985) stimmen Verbund- und Stoffgesetze sehr gut überein. Aus seinen Daten wurden die Stoffgesetze für die Litzen Ø=9.3mm und den Beton mit f_{cc}=36.1 N/mm² der ETH-Versuche interpoliert. Abb. 2.25 zeigt dafür die isothermischen Stoffgesetze. Mit zunehmender Temperatur nimmt die Verbundfestigkeit ab, und die Stoffgesetze werden weicher.

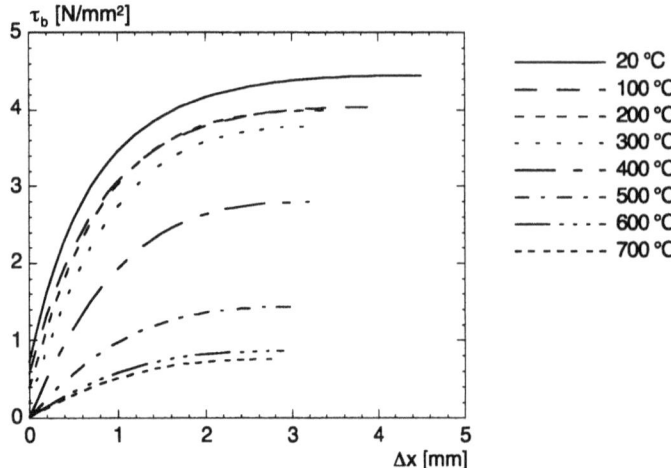

Abb. 2.25 Stoffgesetz für den Verbund von Litzen Ø=9.3mm und Betonwürfeldruckfestigkeiten f_{cc}=36.1 N/mm² der ETH-Versuche bei stationären Temperaturen aus interpolierten Basiswerten von Sager (1985)

Stoffgesetze für den Verbund bei konstanten äusseren Lasten und instationären Temperaturen

Sager (1985) hat in ähnlicher Weise wie in (2.38) Stoffgesetze für instationäre Temperaturen beschrieben. Zu den Verbundspannungen treten zusätzlich zur äusseren Last innere thermische Zwangspannungen und auch Eigenspannungen über den Querschnitt auf.

Zur rechnerischen Erfassung der sich während des Aufheizens verändernden Spannungsverteilung werden grobe Vereinfachungen vorgenommen. Die Temperatur wird über den Querschnitt als konstant vorausgesetzt. Es wird nur ein einachsiger Spannungszustand berücksichtigt. Das Relaxationsverhalten von Beton und Stahl wird nicht erfasst. Das Kriechen von Beton und Stahl wird vereinfachend in den Materialgesetzen berücksichtigt.

Zur Berücksichtigung des instationären Verbundkriechens bei der Ermittlung der Spannungsverteilung werden isothermische Stoffgesetze angewandt. Mit steigender Temperatur ergeben sich Verschiebungen, die sich nach dem instationären Verbundkriechgesetz (2.36) ermitteln lassen. Vereinfachend wird nun zu jeder Temperatur die Verbundspannung-Schlupf-Beziehung (2.38) unter Beachtung eines um φ_{bi} (2.37) verzerrten Stoffgesetzes des Verbundes berechnet. Gegenüber dem stationären Stoffgesetz für den Verbund verhalten sich die Parameter Haftverbundspannung τ_{b0}, Verbundbruchspannung $\tau_{b,max}$, Bruchverschiebung Δx_{max} und Verbundkoeffizient m wie folgt:

$m(\Theta)$: $= m(20°C)$, Verbundkoeffizient

$\Delta x_{max}(\Theta)$: $= \Delta x_{max}(20°C) \cdot \varphi_{bi}(\Theta)$, Bruchverschiebung

$\tau_{b0}(\Theta)$: $= \tau_{b0}(\Theta)$, Haftverbundspannung

$\tau_{b,max}(\Theta)$: $= \tau_{b,max}(20°C)$, Verbundbruchspannung

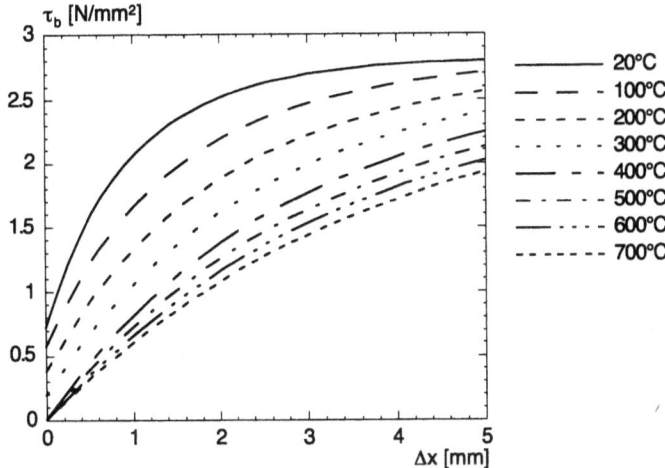

Abb. 2.26 Rechenfunktion des Stoffgesetzes für den Verbund von Litzen Ø=9.3mm und Betonwürfeldruckfestigkeiten f_{cc}=36.1 N/mm^2 der ETH-Versuche bei instationären Temperaturen aus interpolierten Basiswerten von Sager (1985)

Auch beim instationären Stoffgesetz werden ähnlich wie beim stationären Stoffgesetz die Verbundfestigkeiten und deren maximale Verschiebung mit zunehmender Temperatur kleiner. Die Verschiebungen werden jedoch durch das instationäre Verbundkriechen grösser. Der Gültigkeitsbereich der Stoffgesetze wird mit zunehmender Temperatur stets kleiner. Er wird durch die instationäre Kriechfunktion bestimmt. Diese ist durch Versuchswerte nur bis zu einem bestimmten Belastungsgrad abgesichert. Daher ist das instationäre Stoffgesetz für Temperaturen von 200 und 300°C bis zu einer Verschiebung Δx von 0.4mm gültig und für Temperaturen von 500 bis 700°C bis zu 0.1mm (Abb. 2.26).

2.6 Versagensarten von Betonbauteilen bei erhöhten Temperaturen

2.6.1 Zwang, Eigenspannungen und Gefügespannungen inf. Temperatur

Als Gedankenmodell kann der Querschnitt eines Bauteils in einzelne Fasern zerlegt werden. Durch die im Brandfall ungleichmässig verteilte Temperatur innerhalb des Querschnittes (Abb. 2.8), dehnen sich die einzelnen Fasern verschieden stark. Dabei werden die wärmeren Fasern durch die kälteren an der Verformung behindert. Da jedoch der Querschnitt eben bleiben muss, bilden sich Eigenspannungen, welche diesen Temperaturdehnungen entgegenwirken. Die Grösse der Eigenspannungen hängt von der Temperaturbeanspruchung, der thermischen Ausdehnzahl, den Querschnittsabmessungen, der Festigkeit und des E-Moduls der beteiligten Materialien (Abb. 2.27a) ab.

Behindert man das ganze Bauteil bei der thermischen Ausdehnung, so entstehen äussere Zwangkräfte. Im Falle eines eingespannten Balkens entstehen Druckkräfte, wobei beim Fasermodell die äusseren Zwangspannungen gerade den die thermischen Dehnungen verhindernden Druckspannungen entspricht (Abb. 2.27b). Bei einem Durchlaufträger entsteht ein zusätzliches Stützmoment, das aus der Durchbiegungsbehinderung bei den Mittelauflagern folgt.

Das thermische Dehnverhalten von Beton und Stahl kann beträchtliche Unterschiede aufweisen (Abb. 2.6). Durch den Verbund behindern sich diese beiden Werkstoffe in der freien Dehnung; daraus resultieren innere thermische Zwangspannungen (Abb. 2.27c).

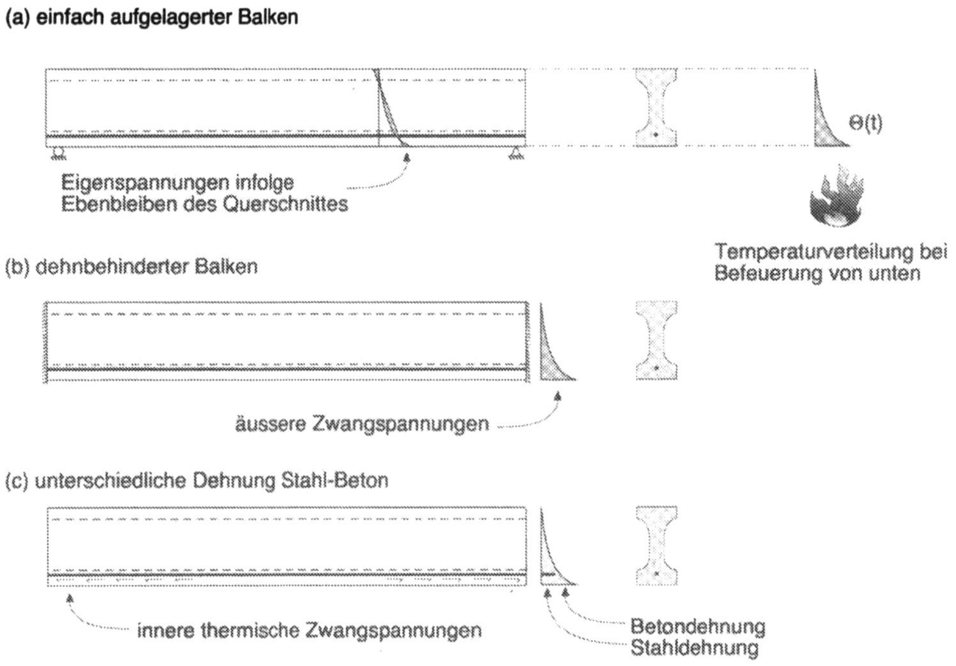

Grundlagen

(a) einfach aufgelagerter Balken

Eigenspannungen infolge Ebenbleiben des Querschnittes

Temperaturverteilung bei Befeuerung von unten

(b) dehnbehinderter Balken

äussere Zwangspannungen

(c) unterschiedliche Dehnung Stahl-Beton

innere thermische Zwangspannungen

Betondehnung
Stahldehnung

Abb. 2.27 Der Temperturgradient über den Querschnitt im Brandfalle bei Befeuerung von unten erzeugt Eigenspannungen bzw. Zwang. (a) Eigenspannungen bei frei dehnbaren Balken, (b) äusserer Zwang bei dehnbehinderten Balken und (c) innere Zwangspannungen durch unterschiedliche thermische Dehnung von Stahl und Beton

Durch unterschiedliches Verhalten von Zementstein und Zuschlag führen Temperaturänderungen zu Gefügespannungen und allenfalls zu Mikrorissen. Freies Wasser in den Poren und physikalisch gebundenes Wasser verdampfen bei erhöhten Temperaturen. Dadurch entsteht im Beton der sog. Porenwasserdampfdruck. Beide Arten von Spannungen sind quantitativ schwer erfassbar und werden im Rahmen dieser Arbeit nicht berücksichtigt.

Durch lokale und intensive Hitzeeinwirkung erfährt der Beton starke und ungleichmässig verteilte Dehnungen an der Oberfläche. Dies führt zu inneren Spannungen. Daneben baut sich der Porenwasserdampfdruck auf, der auch auf die äusseren Schichten wirkt. Beide Effekte zusammen können zu Abplatzungen führen.

2.6.2 Versagensarten von Bauteilen bei erhöhten Temperaturen

Die möglichen Versagensarten von Betonbauteilen im Brandfall sind in Abb. 2.28 dargestellt. (Für den Nachweis des Feuerwiderstandes stellen die Brandschutzvorschriften neben dem Tragsicherheitsnachweis auch Anforderungen an die max. Temperatur auf der feuerabgewandten Seite. An dieser Stelle werden solche Anforderungen nicht berücksichtigt.)

Ein Biegebruch kann sowohl durch Versagen der Biegedruckzone als auch der Zugzone auftreten. Durch den Festigkeitsverlust bei erhöhten Temperaturen wird i.d.R. das Fliessen der untenliegenden Bewehrung massgebend sein. Daher muss der Betondeckung, die eine isolierende Wirkung hat, entsprechend Beachtung geschenkt werden.

Bei gedrückten Bauteilen wie Stützen kann ein Überschreiten der Druckfestigkeit massgebend sein. Dabei kommt es oft durch Abplatzungen zu einer Querschnittsreduktion und einem Ausknicken der Längsbewehrung. Die Abplatzungen reichen häufig nur bis zur ersten Bewehrungslage.

Schubbruch kann bei Bauteilen mit schlanken Stegen und insbesondere bei nicht schubbewehrten Bauteilen massgebend werden. Dabei können Abplatzungen wie auch Zugfestigkeitsreduktion und Eigenspannungen infolge Temperatur eine Rolle spielen.

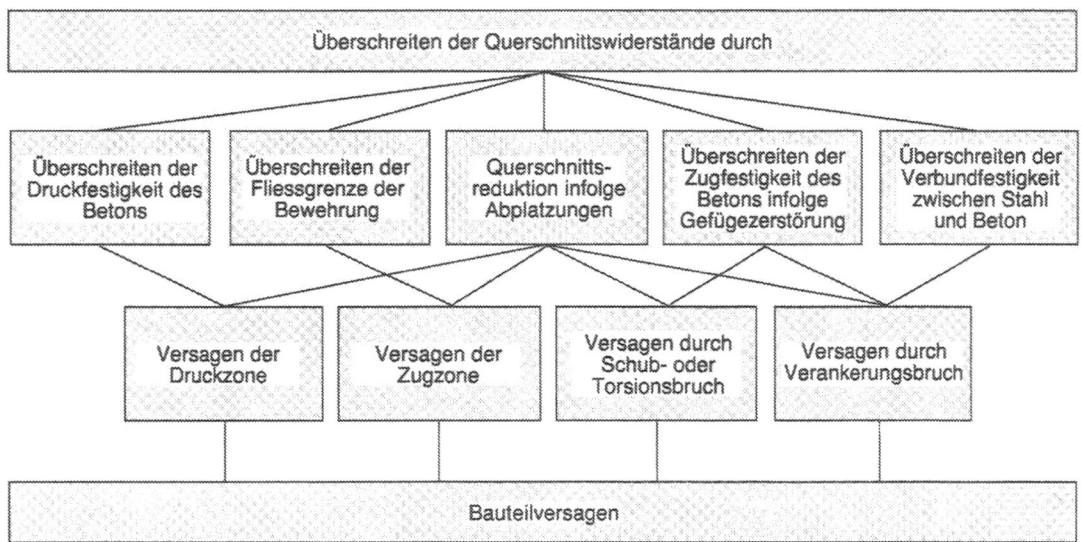

Abb. 2.28   Typische Versagensarten von Stahl- und Spannbetonbauteilen

Für Hohlplatten bestehen bis auf den Biegebruch keine Tragmodelle für die oben genannten Versagensarten. Im Kap. 4 werden solche entwickelt und ausführlich diskutiert.

3 Tragverhalten von Betonhohlplatten bei Raumtemperatur

3.1 Eigenschaften von Betonhohlplatten

3.1.1 Allgemeines

Betonhohlplatten werden industriell in langen Bahnen von 1.20m Breite im Spannbettverfahren hergestellt. Zwei Herstellungsverfahren sind üblich: Extrudierverfahren und Gleitfertigung. Die fahrbaren Fertiger bestehen aus Betonbehälter, -einbring- und -verdichtungssystem und Fahreinheit. Beim Extruder wird der Beton mittels Förderschnecken durch Verformungskolben in die Betonierbahn gepresst. Zur Fortbewegung drückt der Extruder sich mit Pressen gegen den eingebrachten Beton, der dadurch zusätzlich verdichtet wird. Der Gleitfertiger wird zur Fortbewegung durch einen separaten Motor angetrieben; der Betonstrang wird aus dem Behälter in die Verdichtungsorgane und durch das Auslaufstück auf die Fertigungsbahn zwangsaufgepresst.

Die erhärteten Betonbahnen werden mit Diamantfräsen in die verlangten Längen geschnitten. Durch den Schnitt entspannen sich die Stahllitzen am Rand jeder Platte. Die Vorspannung wird über Hoyer-Effekt (Keil- und Klemmwirkung infolge Querdehnungsbehinderung), Haft-, Reib- und Scherverbund auf die Hohlplatten übertragen, wodurch ein Eigenspannungszustand entsteht. Die Hohlplatten werden fabrikationsbedingt ohne schlaffe Bewehrung hergestellt.

3.1.2 Verankerung der Vorspannlitzen

Übertragungs- und Verankerungslänge

Als Übertragungslänge ℓ_{bpt} wird jene Strecke definiert, die erforderlich ist, bis die Stahlspannungen in einem vorgespannten Bauteil infolge Vorspannkraft konstant bleiben. Über diese Länge baut sich die Vorspannkraft im Spannstahl näherungsweise parabelförmig auf [Walraven (1983)]. Vereinfachend wird in verschiedenen Normen [ACI (1989), CEB (1992), prEN 1168 (1996)] der Aufbau der Vorspannkraft auch linear modelliert.

Als Verankerungslänge ℓ_{bp} wird jene Strecke definiert, ab welcher die Fliessspannung in der Litze erreicht werden kann, ohne dass es zu einem Verankerungsversagen kommt. Der Unterschied zwischen Übertragungs- und Verankerungslänge wird Biegeverbundlänge genannt. Die Kurve für die über Verbund wirksame Litzenspannung verläuft hier flacher als im Bereich der Übertragungslänge, da die lokal erhöhte Zugbeanspruchung der Litze im Bereich eines Biegerisses den Haftverbund stört, sich der Litzenradius verkleinert und damit der Beton kleinere Radialpressungen erleidet, was zu geringerem Reibverbund führt.

Für den Nachweis von Biegung und Schub werden in der Literatur für die Übertragungs- und Verankerungslänge (3.1) bis (3.5) angegeben. Die Übertragungslänge in (3.2) gilt für eine Vorspannung aus dem kleineren Wert von $0.9 \cdot f_{py}$ bzw. $0.8 \cdot f_{pt}$. Bei geringerem Vorspanngrad muss ℓ_{bpt} für σ_p interpoliert werden.

$$\ell_{bpt} = \frac{\sigma_p \cdot \varnothing}{21} \qquad \text{nach ACI 318 (1989)} \qquad (3.1)$$

$$\ell_{bpt} = 65 \cdot \varnothing \qquad \text{nach ENV 1992-1-1 (für } f_{ck}=35 \text{ N/mm}^2 \text{)} \qquad (3.2)$$

$$\ell_{bp} = \frac{\sigma_p \cdot \varnothing}{21} + \frac{(f_{py} - \sigma_p) \cdot \varnothing}{7} \quad \text{nach ACI 318 (1989)} \quad (3.3)$$

$$\ell_{bp} = \frac{f_{py}}{\sigma_p} \cdot \ell_{bpt} \quad \text{nach ENV 1992-1-1} \quad (3.4)$$

$$\ell_{bp} = \frac{f_{py} \cdot A_p}{f_{bp} \cdot u_b} \quad \text{nach CEB (1992)} \quad (3.5)$$

A_p: Querschnittsfläche der Litze
u_b: wirksamer Umfang der Litze
f_{bp}: Verbundfestigkeit nach (2.33) oder (2.34)
f_{py}: Fliessgrenze der Litze
f_{pt}: Zugfestigkeit der Litze
ℓ_{bp}: Verankerungslänge
ℓ_{bpt}: Übertragungslänge
σ_p: Litzenspannung nach Abzug der Vorspannverluste in [N/mm^2]
$\varnothing$: Litzendurchmesser in [mm]

Ist die Litze schlaff eingelegt, d.h. ohne Vorspannung, so fällt für die Verankerungslänge ℓ_{bp} der erste Term in (3.3) mit σ_p=0 weg. Die Verbundspannung ist konstant über die Verankerungslänge verteilt angenommen, somit ist die Kurve für die max. Litzenspannung eine Gerade. Die Verankerungslänge kann auch nach Ansätzen für die Verbundfestigkeit (2.33) [CEB (1992)] und (2.34) berechnet werden (3.5).

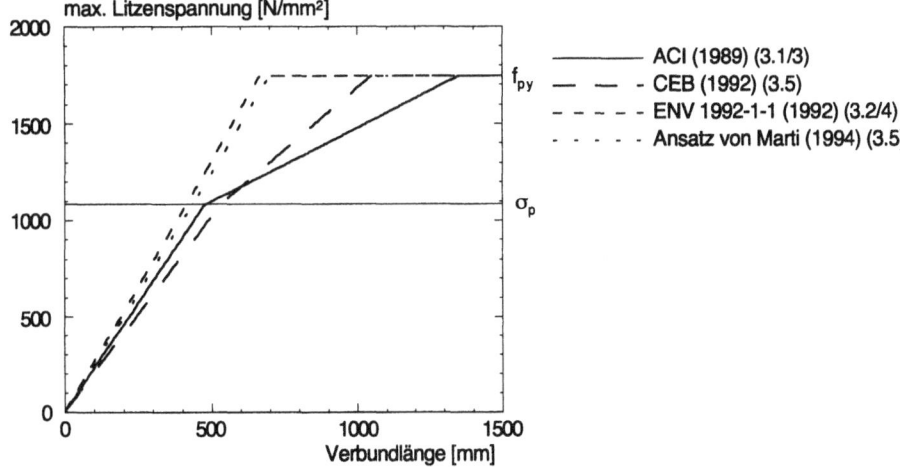

Abb. 3.1   Vergleich von verschiedenen Ansätzen für Übertragungslänge und Verankerungslänge der Litzen für die Hohlplatten P20 der ETH-Versuche

Abb. 3.1 zeigt einen Vergleich der Berechnungswerte von Übertragungs- und Verankerungslänge für den Hohlplattentyp P20 der ETH-Versuche. Sämtliche Materialkennwerte wurden als Mittelwerte, d.h. ohne Sicherheitsfaktoren, in die Berechnung eingesetzt. Während die berechneten Übertragungslängen nahe beinander liegen, ergeben die verschiedenen Modelle grosse Unterschiede in Bezug auf die Verankerungslängen. Zum einen basieren die Ansätze auf Resultaten aus unterschiedlichen Versuchsbedingungen. Zum andern zeigen Verbund, bzw. Ausziehversuche grosse Streuungen [CEB (1990)].

Birkenmaier (1977) hat den Ansatz von Rehm (1961) auch auf Litzen aus glatten Drähten übertragen und damit die Übertragungslänge der Vorspannung bei Betonhohlplatten berechnet. Dieser Ansatz wurde mit den Parameterwerten aus Abb. 2.19 auf die ETH-Versuche übertragen.

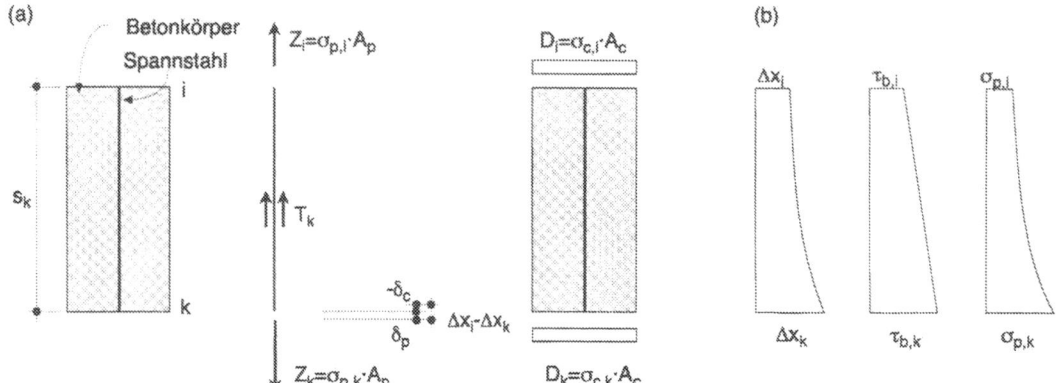

Abb. 3.2 (a) Verbundelement als Ausschnitt von einem Ausziehkörper mit den Kräften und Verformungen und (b) zu berechnende Verschiebungen und Spannungen im Schnitt k aus den bekannten Werten im Schnitt i

$$\sigma_{p,k} = \frac{\int_{\Delta x_i}^{\Delta x_k} \tau_b \cdot u_b \cdot dx + \sigma_{p,i} \cdot A_p}{A_p} = \sigma_{p,i} + \frac{u_b}{A_p} \cdot \int_{\Delta x_i}^{\Delta x_k} \tau_b \cdot dx \quad (3.6)$$

$$\delta_p = \frac{\sigma_{p,i}}{E_p} \cdot s_k + \int_{\Delta x_i}^{\Delta x_k} \frac{\tau_b \cdot u_b \cdot s_k}{A_p \cdot E_p} \cdot dx \quad (3.7)$$

$$\delta_c = \int_0^{s_k} \frac{\sigma_c}{E_c} \cdot dx \approx -\mu \cdot \frac{E_p}{E_c} \cdot \int_0^{s_k} \frac{\sigma_p}{E_p} \cdot dx = -\mu \cdot n \cdot \delta_p \qquad \text{mit } \mu = \frac{A_p}{A_c} \quad (3.8)$$

$$\Delta x_k = \Delta x_i + \frac{1 + n \cdot \mu}{E_p} \cdot \left(\sigma_{p,i} \cdot s_k + \int_{\Delta x_i}^{\Delta x_k} \frac{\tau_b \cdot u_b \cdot s_k}{A_p} \cdot dx \right) \quad (3.9)$$

s_k: Länge des Verbundelementes
δ_c: Verformung des Betons
δ_p: Verformung der Litze
$\sigma_{c,i}$: Spannung des Betons im Schnitt i bzw. k
$\sigma_{p,i}$: Spannung der Litze im Schnitt i bzw. k
τ_b: Verbundspannung

Birkenmaier (1977) hat nach Abb. 3.2 eine numerische Lösung am Verbundelement mit dem Verbundgesetz nach Rehm (1961) entwickelt. Dieses hat eine Länge von s_k mit den Schnittufern i und k. Im Schnitt i ist die Gleitung Δx_i, die Verbundspannung $\tau_{b,i}$ und die Stahlspannung $\sigma_{p,i}$ bekannt. Durch Gleichgewichtsbildung (3.6) und die Verträglichkeitsbedingungen (3.7) und (3.8) kann die Gleitung Δx_k berechnet werden (3.9). Als Vereinfachung kann ein linearer Verlauf der Verbundspannung über die Elementlänge s_k angenommen werden. Durch die Annahme von beliebig kleinen Δx_k kann (3.9) nach s_k aufgelöst und daraus der gesuchte Spannungszuwachs in der Litze berechnet werden. Diese Methode wurde für die Berechnung der Übertragungslängen von Betonhohlplatten mit den Parameterwerten aus Abb. 2.19 angewandt. Die Resultate sind in Abb. 3.3 dargestellt.

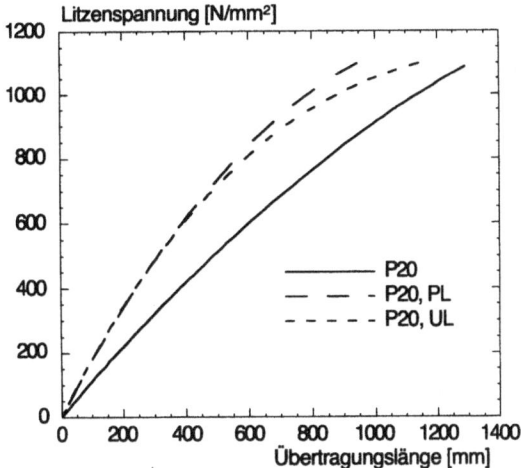

Abb. 3.3 Übertragungslängen nach der Methode von Birkenmaier (1977) für die Hohlplatten der ETH-Versuche mit verschiedenen Litzenarten

Der Rechenwert der Übertragungslängen nach der Methode von Birkenmaier (1977) (Abb. 3.3) liegt wesentlich höher als die berechneten Werte in Abb. 3.1. Eine Erklärung für den grossen Unterschied kann in der Annahme der Parameter für das Verbundgesetz aus extrapolierten Werten sein, für die keine Versuchsresultate bestehen. Hingegen ist deutlich der Unterschied zwischen den einzelnen Litzenarten ersichtlich. Die glatten Litzen der Hohlplatten P20 zeigen einen beinahe linearen Anstieg der Kurve, da das Verbundgesetz näherungsweise starr-plastisch ist. Stärker gekrümmte Kurven über die Übertragungslängen zeigen die Litzen von P20, PL und P20, UL, die auch stärker gekrümmte Vebundgesetze aufweisen. Ebenso sind die Übertragungslängen kürzer, wobei P20, UL wegen der geringen Betonfestigkeit weichere Eigenschaften besitzt als P20, PL.

Anfangsschlupf

Beim Fräsen der Hohlplatten auf die geforderten Längen entsteht ein Anfangsschlupf am Hohlplattenende. Dieser Anfangsschlupf stellt ein Mass für die Qualität des Verbundes dar (vorausgesetzt, die Vorspannung der Litzen gegen das Spannbett ist bekannt). Er kann durch eine Integration der Verschiebung über die Übertragungslänge berechnet werden. Bei Annahme einer konstanten Verbundspannung erhält man dafür (3.10). Wird ein zulässiger Anfangsschlupf Δs_{adm} nach prEN 1168 (1996) (3.11) oder ACI 318 (1989) (3.12) durch den Mittelwert der Anfangsschlüpfe einer Hohlplatte überschritten, so gilt der Verbund als ungenügend. In diesem Falle darf nicht mehr mit der Vorspannung gerechnet werden.

$$\Delta s = \frac{\int_0^{\ell_{bpt}} P d\ell}{A_p \cdot E_p} = \frac{\frac{P}{2} \cdot \ell_{bpt}}{A_p \cdot E_p} \tag{3.10}$$

$$\Delta s_{adm} = 0.4 \cdot \ell_{bpt} \cdot \frac{\sigma_{p0}}{E_p} \quad \text{nach prEN 1168 (1996)} \tag{3.11}$$

$$\Delta s_{adm} = \frac{\sigma_{p0} \cdot \varnothing}{6650} \quad \text{nach ACI 318 (1989)} \tag{3.12}$$

P: Vorspannkraft
E_p: E-Modul der Litze
Δs: Anfangsschlupf
Δs_{adm}: zulässiger Anfangsschlupf

Betonhohlplatten bei Raumtemperatur

Abb. 3.4 zeigt die gemessenen Anfangsschlüpfe der untersuchten Hohlplatten. Die Hohlplatten mit Litzen mit steiferem Verbund (grösseres f_R) haben nur einen kleinen Anfangsschlupf (P20, PL und P20, UL), ebenfalls die Hohlplatten mit geringerer Vorspannung (P20, RV). Die normal gebräuchlichen Hohlplatten (P20, P16) lagen innerhalb den nach prEN 1168 (1996) geforderten Mittelwerten. Die ETH-Versuche zeigten auch, dass die Randlitzen einen signifikant grösseren Anfangsschlupf aufweisen als die Innenlitzen.

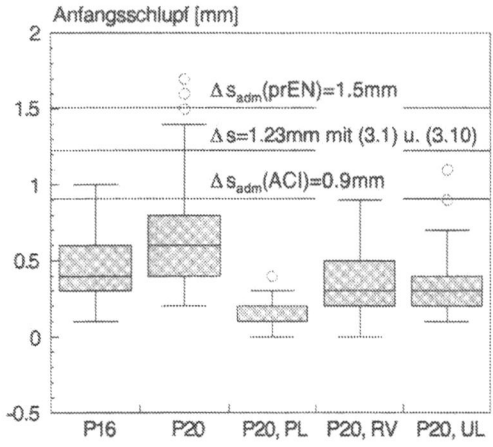

Abb. 3.4 Boxplots der gemessenen Anfangsschlüpfe im Vergleich zum rechnerischen Anfangsschlupf und statistische Kennwerte in [mm] der ETH-Versuche

Setzt man die Übertragungslänge ℓ_{bpt} nach (3.1) in (3.10) ein, so erhält man als Anfangsschlupf Δs für die Hohlplatten P20 einen Wert von 1.23mm. Die zulässigen Werte nach prEN 1168 (1996) und ACI 318 (1989) ergeben Werte von 1.5 und 0.9mm. Trotz der grossen Unterschiede der zulässigen Anfangsschlüpfe liegen alle Werte deutlich unter den zulässigen Werten.

3.1.3 Eigenspannungszustand infolge Vorspannung

Im Bereich der Verankerung der Litzen liegt ein mehrachsialer Spannungszustand vor. Ruhnau und Kupfer (1977) unterscheiden in der Verankerungszone der Vorspannung im direkten Verbund drei Zugwirkungen (Abb. 3.5): Sprengwirkung (Splitting), Spaltzugwirkung (Bursting) und Stirnzugwirkung (Spalling).

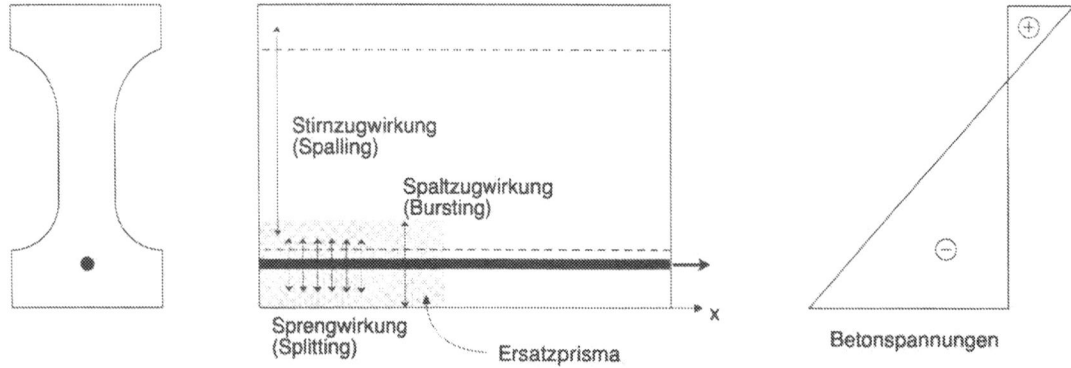

Abb. 3.5 Schematische Darstellung der verschiedenen Zugwirkungen im Verankerungsbereich einer Betonhohlplatte aus direkter Verankerung von vorgespannten Litzen nach Ruhnau und Kupfer (1977)

Das Splitting wird durch die ringförmigen Zugspannungen, die durch die Querpressung in der Übertragungszone der Vorspannkraft entstehen, hervorgerufen. Diese Zugspannungen können zu Rissen führen, die parallel zur Litze verlaufen (vgl. auch Abb. 2.16b). Das Bursting entsteht durch die Umlenkung der Vorspannkraft an der Plattenunterseite. Es hat einen gewissen Abstand zum Plattenende. Zur Verhinderung des Bursting schlägt Bachmann (1991) für die Bemessung einer Spreizbewehrung einen Ausbreitungswinkel von 45° vor. Durch die exzentrische Lage der Litze entstehen am Hohlplattenende die sogenannten Stirnzugspannungen (Spalling). Sie können kombiniert mit den Spaltzugspannungen auftreten.

Mit Hilfe der Finite-Elemente-Methode haben Keuser und Mehlhorn (1990) den Verankerungsbereich von Betonhohlplatten durch räumliche Berechnungen genauer untersucht. Danach zeigt die Schubspannungsverteilung über die Plattendicke im gesamten Verankerungsbereich nahezu affine Verläufe. Den Höchstwert erreicht sie in der Nähe der Stirnfläche. Von dort fällt sie bis zum Ende des Verankerungsbereiches affin zum Verlauf der Verbundspannung ab. Zur Beschreibung der Schubspannungsverteilung wird eine Einheitsschubspannung für eine konstante Verbundspannung formuliert. Die Schubspannungsverteilung errechnet sich durch Multplikation der Einheitsschubspannung mit einem Faktor $\beta_2(x)$, der das Verhältnis der Verbundspannung $\tau_b(x)$ zur mittleren Verbundspannung τ_{bm} ausdrückt (3.13). In grober Näherung ergibt sie ein linearer Abfall vom Stirnbereich mit $\beta_2(x=0)=2.7$ (für Litzen) über die Übertragungslänge ($\beta_2(x=\ell_{bpt})=0$).

$$\tau_{xz}(x, z) = \beta_2(x) \cdot \tau_{xz}(z) = \frac{\tau_b(x)}{\tau_{bm}} \cdot \tau_{xz}(z) \qquad (3.13)$$

$\beta_2(x)$: Verhältnis vorhandener Verbundspannung zu mittlerer Verbundspannung, $\beta_2(0){\approx}2.7$ für Litzen

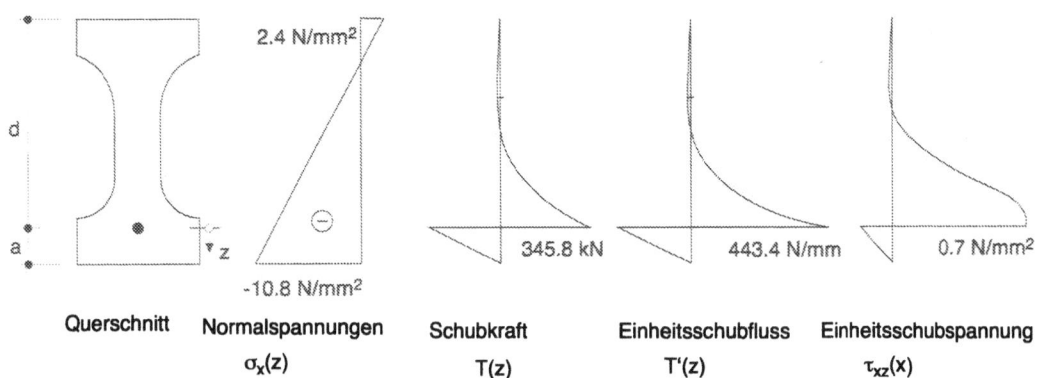

Abb. 3.6 Verlauf von Schubkraft und Einheitsschubfluss für die Hohlplatten P20 mit einer Breite von 1.20m berechnet nach Keuser und Mehlhorn (1990)

Die Einheitsschubspannung (d.h. mittlere Schubspannung über die Übertragungslänge ℓ_{bpt}) erreicht ihren maximalen Wert für die untersuchten Hohlplatten P20 direkt über der Litze. Er beträgt ca. 0.7 N/mm^2; auf der Stirnseite ist die Schubspannung maximal, was mit β_2=2.7 eine Schubspannung von 1.9 N/mm^2 direkt über der Litze ergibt. Wirkt zusätzlich noch eine äussere Last, so können die Hauptspannungen mit dem Mohr'schen Spannungskreis berechnet werden. Im Randbereich der untersuchten Hohlplatten ergibt die Berechnung eine Hauptspannung von 1.9 N/mm^2 für die unbelastete Hohlplatte mit Zugfestigkeit von 2.6 N/mm^2.

Nach prEN 1168 (1996) können die Stirnzugspannungen nach dem empirischen Ausdruck (3.14) berechnet werden. Für die Hohlplatten P20 betragen sie danach 0.9 N/mm^2; auch dies bestätigt den ungerissenen Randbereich.

$$\sigma_{sp} = \frac{P_0}{b_w \cdot e_p} \cdot \frac{15 \cdot \alpha_e^{2.3} + 0.07}{1 + \left(\frac{\ell_{bpt}}{e_p}\right)^{1.5} \cdot (1.3 \cdot \alpha_e + 0.1)} \qquad (3.14)$$

P_0: Vorspannkraft zum Zeitpunkt des Lösens aus dem Spannbett
b_w: Stegbreite
e_p: Exzentrizität des Vorspannkabels
k: Kernweite (Verhältnis unteres Widerstandsmoment / Querschnittsfläche)
α_e: $=(e_p-k)/h_{HC}$

Zur Verhinderung von Längsrissen infolge Spreng- und Spaltzugwirkung werden in prEN 1168 (1996) und CEB (1992) Konstruktionsregeln auf Grund von Versuchen vorgegeben. Diese besagen, dass die Überdeckung der Litzen und der Abstand zwischen den Litzen mindestens 3Ø betragen soll. Falls letzteres nicht eingehalten wird, muss die Überdeckung erhöht werden.

3.2 Versagensarten und Tragmodelle bei starrer Auflagerung

3.2.1 Allgemeines

Das Bruchverhalten von Betonhohlplatten bei starrer Auflagerung wurde mehrfach untersucht [Walraven und Mercx (1983), Pisanty (1992)]. Die ETH-Versuche bei starrer und flexibler Auflagerung (Kaltversuche) dienten als Grundlage für die Festlegung des Belastungsniveaus der darauffolgenden Brandversuche und zur Untersuchung des Einflusses verschiedener Parameter auf die Bruchmechanismen.

Im folgenden werden verschiedene Brucharten von Einzelhohlplatten besprochen. Im Vordergrund stehen Schubbrüche infolge auflagernaher Einzellasten, welche auch als Sprödbrüche ohne Vorankündigung durch Rissebildung auftreten können. Speziell wird auf den Einfluss der Auflagerbreite s, des Schubspannweitenverhältnisses a/d und der Litzen mit unterschiedlichem Verbundverhalten eingegangen. Die einzelnen Brucharten und deren Modelle können anhand der ETH-Versuche veranschaulicht werden.

3.2.2 Biegebruch

Betonhohlplatten sind voll vorgespannt, d.h. im Gebrauchszustand treten infolge äusserer Lasten keine Risse auf. Der Bewehrungsgehalt ist derart festgelegt, dass es bei weiterer Laststeigerung und reiner Biegebeanspruchung zur duktilen Bruchart Betonbruch während Stahlfliessen kommt. Dadurch kündigt sich der Bruch durch Risse an.

Der Biegewiderstand wird mit der Annahme berechnet, dass die Druckzone im Beton während dem Fliessen der Bewehrung gestaucht wird. Die tatsächlichen Materialgesetze von Stahl und Beton werden durch starr-plastisches Verhalten idealisiert. Der Biegewiderstand M_R ergibt sich nach (3.15).

$$M_R = d \cdot \left(1 - \frac{\omega}{2}\right) \cdot A_p \cdot f_{py} \qquad \text{mit } \omega = \frac{A_p \cdot f_{py}}{b \cdot d \cdot f_c} \qquad (3.15)$$

$$\frac{d\varphi}{dx} = \frac{M(x)}{EI(x)} \qquad (3.16)$$

$$w = \int_0^\ell \bar{M}(x) \cdot \frac{M(x)}{EI(x)} \cdot dx \qquad (3.17)$$

ω: mechanischer Bewehrungsgehalt

Die Durchbiegungen der ETH-Biegeversuche können mit Hilfe des Momenten-Krümmungs-Diagrammes (M-χ-Diagramm) berechnet werden. Mit den in Kapitel 2 dargestellten nichtlinearen Materialgesetzen und dem in Kapitel 4.2 beschriebenen Fasermodell zur Berechnung der Brandbeanspruchung kann auch das M-χ-Diagramm bei Raumtemperatur (Abb. 3.7) berechnet werden. Die Krümmung ist durch das Verhältnis von M zu EI gegeben (3.16). Mit der Arbeitsgleichung (3.17) lassen sich nun die Durchbiegungen einfach berechnen.

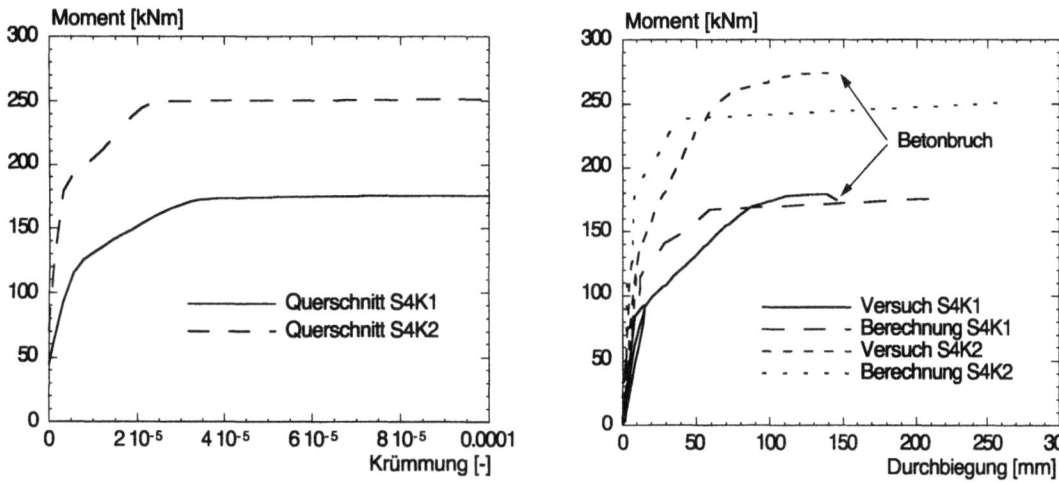

Abb. 3.7 ETH-Versuche S4K1 und S4K2: M-χ-Diagramm berechnet nach dem Fasermodell in Kap. 4.2 und berechnete und effektive Durchbiegungsverläufe

Der Vergleich der gemessenen und berechneten Werte im Momenten-Durchbiegungs-Diagramm (Abb. 3.7) ermöglicht, die Berechnungsmodelle zu beurteilen. Im Versuch S4K1 ohne Überbeton lässt sich die Höhe des plastischen Bruchmomentes gut vorhersagen. Die Rissebildung beginnt bei der Berechnung etwas später, was auf eine zu hohe Annahme des Vorspanngrades schliessen lässt. Das plastische Moment des Versuches S4K2 wird durch die Berechnung etwa um 7% unterschätzt. Die Durchbiegungen zeigen Unterschiede, die nicht allein durch die Modellierungsungenauigkeiten zu erklären sind. Die Unterschiede liegen vielmehr in durchaus möglichen Streuungen der Bruchwerte bei Betonbauteilen.

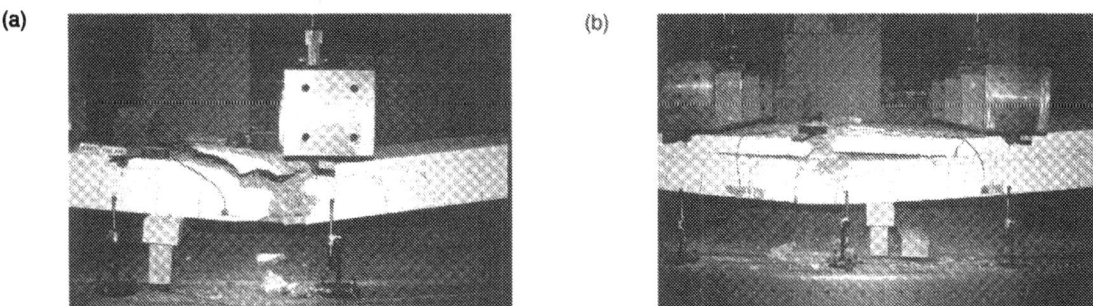

Abb. 3.8 Biegebruch bei den ETH-Versuchen mit Spannweite ℓ=4.72m und Kraftabstand vom Auflager a=1.6m durch Versagen in der Betondruckzone (FC) bei den Versuchen (a) S4K1 am Plattentyp P20 und (b) S4K2 am Plattentyp P16 mit 80mm Überbeton

In Abb. 3.8 sind die Biegebrüche der Versuche S4K1 und S4K2 dargestellt. Beide kündigten sich durch Rissebildung an. Die Last-Durchbiegungs-Kurven zeigen duktiles Verhalten, was auf Fliessen der Bewehrung schliessen lässt. Während dem Fliessen der Bewehrung ist die Betondruckzone wegen dem Fehlen einer Umschnürungsbewehrung gestaucht worden und schliesslich ausgeknickt. Beim Versuch S4K2 hat sich der gedrückte, unbewehrte Überbeton durch Ausknikken von der Hohlplatte gelöst. Durch die hohe Belastung nahe der Druckfestigkeit sind grosse Querzugspannungen mit den zugehörigen Querdehnungen [Muttoni (1990)] entstanden, was den Verbund zwischen Überbeton und Hohlplatte stark beanspruchte und daher die Bruchlast ungünstig beeinflusste.

3.2.3 Verankerungsbruch

Versagen der Litzenverankerung tritt dann auf, wenn die Zugkraft in den Litzen nicht mehr durch Verbund auf den Beton übertragen werden kann. Die Litzen werden zum einen durch die Vorspannkraft und zum andern durch die äussere Belastung beansprucht. Die Vorspannung kann als Eigenspannungszustand betrachtet werden, d.h. sie beeinflusst für duktile Versagensformen den Tragwiderstand nicht. Wie in Kap. 2.5 dargestellt, ist der Verbund von Litzen aus glatten Drähten duktil. Er kann durch starr-plastisches Verhalten mit konstanter Verbundspannung über die ganze Verbundlänge idealisiert werden.

Die Beanspruchung der Litzen aus Biegung und Schub kann für Träger mit Schubbewehrung durch Fachwerkmodelle mit diskontinuierlichen Zug- und Druckfeldern [Sigrist et al. (1995)] berechnet werden. Nach Specht und Scholz (1995) bilden sich auch ohne Schubbewehrung Zugfelder aus. Die Begrenzung der aufnehmbaren Spannung in den Zugfeldern bildet die Betonzugfestigkeit.

Abb. 3.9 zeigt zwei Modelle für die Berechnung der Zugbelastung der Litze. Das Modell einer Direktabstützung einer äusseren Last über dem Auflager (Abb. 3.9a) beim ungerissenen Querschnitt ist bei grösser werdendem Kraftabstand a ungünstig. Ist der Querschnitt unter einem Winkel α gerissen, und geht der Riss bis zur Neutralachse, so wird die Litze nur durch das Moment belastet (Abb. 3.9b). Wird der Winkel $\alpha=90°$ (Biegerisse, $x_R=a$), und werden schräge Druckkräfte unter dem Winkel ϑ über den Riss übertragen, so ergibt sich zusätzlich ein Belastungsanteil aus Schub.

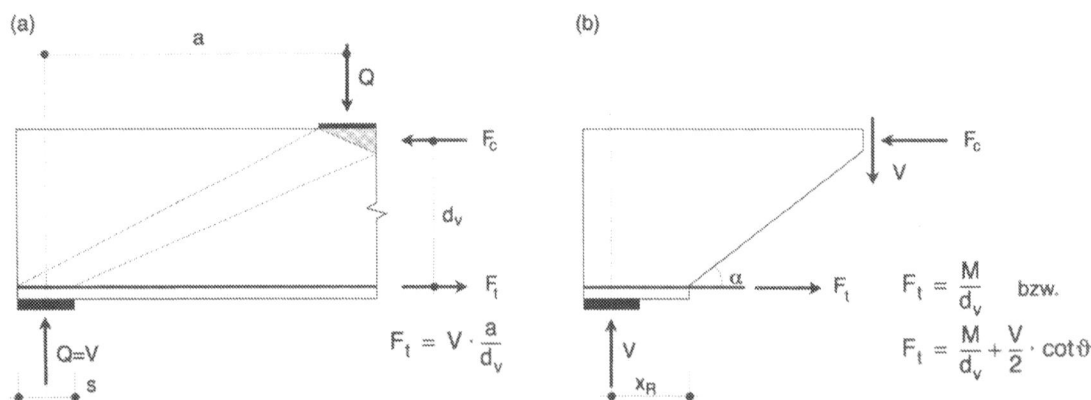

Abb. 3.9 Tragmodelle zur Berechnung der Litzenbeanspruchung: (a) Direktabstützung über dem Auflager beim ungerissenen Querschnitt und (b) Modell beim gerissenen Querschnitt

Die Verbundlänge ℓ_b für einen Schnitt mit Abstand a bzw. x_R von der Auflagermitte beträgt a+s/2 bzw. x_R+s/2 (Abb. 3.9b). Wenn die Verbundfestigkeit nach (2.33) oder (2.34) und der wirksame Umfang u_b des allen Einzeldrähten der Litzen umschriebenen Kreises nach (2.30) angesetzt wird, so ergibt sich der Verankerungswiderstand nach (3.18). In Schnitten, wo der Verankerungswiderstand grösser als die Fliesskraft ist, tritt kein Verankerungs-, sondern Biegeversagen auf (vgl. Kap. 3.2.2).

$$F_{tb} = u_b \cdot \ell_b \cdot f_{bp} \tag{3.18}$$

Um den Ansatz für die Verbundfestigkeit nach (2.34) zu überprüfen, kann die effektive Verbundspannung zum Zeitpunkt des Bruches aus den ETH-Versuchen berechnet werden. Unter Annahme eines Winkels nach Abb. 3.9b mit $\vartheta=27°$ [Grob und Thürlimann (1976), Birkenmaier (1977)] sind in Abb. 3.10 die Verbundspannungen für die Versuche mit Hohlplatten P20 mit verschiedenen Auflagerbreiten dargestellt.

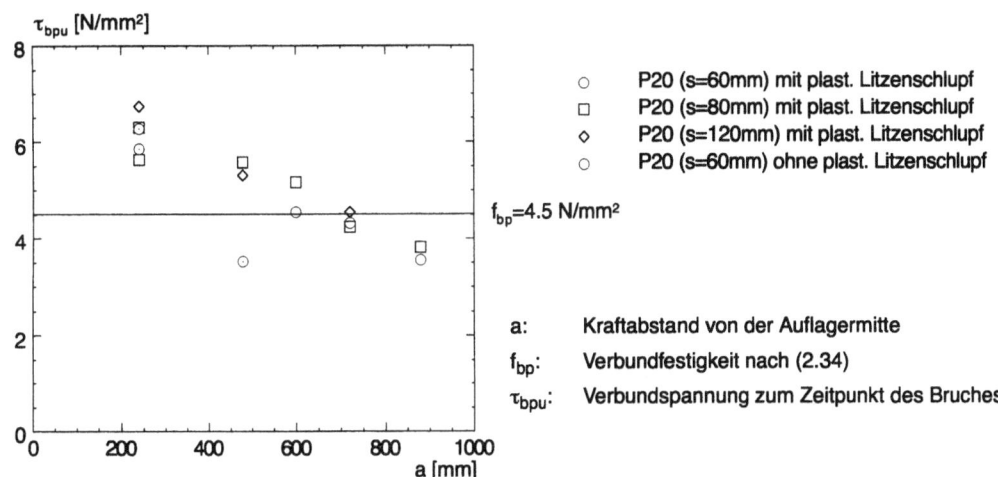

Abb. 3.10 Vergleich der mittleren Verbundspannungen zur Zeit des Bruches der ETH-Versuche an Hohlplatten P20 mit den berechneten Verbundspannungen nach (2.34)

Bei den Versuchen an den Hohlplatten P20 traten v.a. Verankerungsbrüche mit sehr duktilem Verhalten auf, d.h. die Litzen wurden langsam ausgezogen. Sprödbrüche (ohne plastischen Litzenschlupf) sind nur bei auflagernahen Belastungen und kurzen Auflagern (s=60mm) aufgetreten. Dabei konnten sich keine Biegrisse ausbilden. Die meisten Versuchswerte in Abb. 3.10 sind höher als die Verbundspannungen nach (2.34). Es ist möglich, dass zusätzliche Querpressungen über dem Auflager bei kurzen Lastabständen einen günstigen Einfluss auf die Verbundfestigkeit haben.

Grössere Verbundfestigkeiten zeigten in den ETH-Versuchen die Hohlplatten P20, PL und P20, UL mit Litzen aus profilierten bzw. sechseckigen Drähten, bei welchen das Versagen i.a. spröd war; die Versuche an den Hohlplatten P20, PL zeigten nur einen geringen Litzenschlupf, die Versuche an den Hohlplatten P20, UL gar keinen. Dieser Sachverhalt deckt sich mit der Verbund-Schlupf-Beziehung nach Rehm (1961) in Abb. 2.19. Trotz schlechtem Beton zeigen die Litzen (UL) eine ähnlich hohe Verbundbruchspannung wie die Litzen (PL), begründet durch den hohen Wert der bezogenen Rippenfläche.

In Abb. 3.11 sind die Tragwiderstände für die Platten P20 mit Auflagerbreite s=80mm für die Modelle und einer Verbundfestigkeit nach (2.34) dargestellt. Bei kleinen a ist der Einfluss der beiden Modelle auf den Verankerungswiderstand sehr gross. Bei grösser werdendem a nimmt der Einfluss des Schubes auf den Tragwiderstand ab. Die Berechnungen mit $\vartheta=27°$ liegen für die Beurteilung des Verankerungsbruches auf der sicheren Seite. Sobald a+s/2 die Verankerungslänge ℓ_{bp} übersteigt, wird der Biegewiderstand nach (3.15) massgebend.

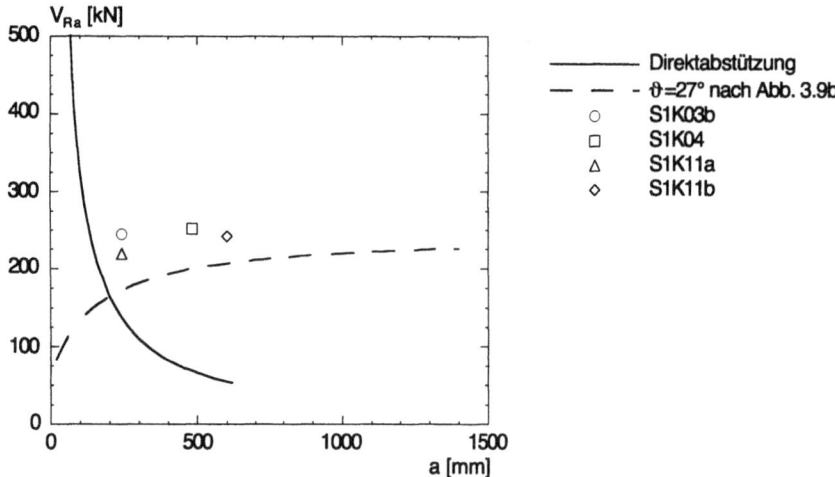

Abb. 3.11   Querkraftswiderstand infolge Verankerungsversagens für die Modelle aus Abb. 3.9 verglichen mit den Resultaten der ETH-Versuche

In Abb. 3.12 sind zwei typische Verankerungsbrüche dargestellt. Der Versuch S1K03b zeigt einen Biegeriss. Bei Schlupfbeginn der Litzen konnte die Last nur noch unwesentlich gesteigert werden, die Durchbiegungen haben drastisch zugenommen, und die Litzen wurden unter gleich bleibender Last herausgezogen. Dieser Versuch zeigt die plast. Eigenschaften des Verbundes. Beim Versuch S2K04a wurde der Litzenverbund über dem Auflager durch Schubrissbildung so stark belastet, dass es gar nicht zur Biegerissbildung kam und ein sprödes Verankerungsversagen eintrat.

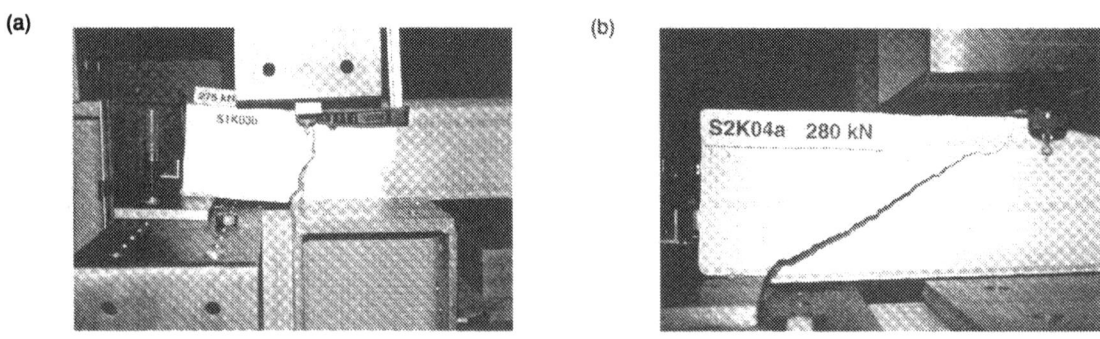

Abb. 3.12   Verankerungsbruch (A) bei den ETH-Versuchen (a) S1K03b an einer Platte P20 und (b) S2K04a an einer Platte P20//PL

Aufgrund der ETH-Versuche liegt die Berechnung des Verankerungswiderstandes gemäss dem Modell in Abb. 3.9b mit $\vartheta=27°$ [prEN 1168 (1996)] Werte auf der sicheren Seite.

3.2.4   Biegeschubbruch

Tragverhalten bei Schubbeanspruchung ohne Schubbewehrung

Beim gerissenen Spannbetonquerschnitt stellt sich weitgehend dasselbe Tragverhalten ein wie bei einem schlaff bewehrten Stahlbetonquerschnitt. Deshalb kann die von Kani (1964) entwikkelte Modellierung auch auf die Betonhohlplatten übertragen werden.

In Abb. 3.13 ist die linke Seite eines Stahlbetonbalkens dargestellt, der durch zwei Einzellasten belastet ist. Durch die Bildung von Biegerissen liegt eine kammartige Konstruktion vor: Betonzähne sind in der Druckzone eingespannt und werden durch die horizontalen Kräfte ΔF_t belastet.

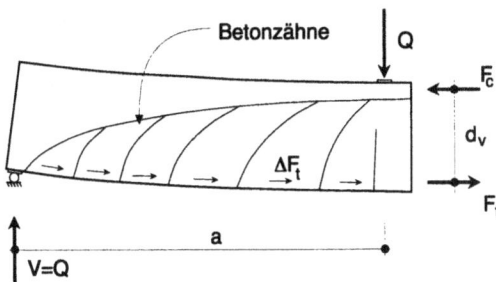

Abb. 3.13 Kräftebild am gerissenen Stahlbetonbalken

Das maximale Biegemoment des Trägers ist dann erreicht, wenn einer oder mehrere Betonzähne brechen. I.d.R. geschieht dies durch Verlängerung des diagonalen Biegerisses bis unter die Last Q. Der Schubbruch mit Diagonalriss tritt dann anstelle des Biegebruchs ein, wenn die max. horizontale Tragfähigkeit der Betonzähne kleiner als die Fliesskraft der Längsbewehrung ist (falls keine Überbewehrung). Für die Modellierung wird davon ausgegangen, dass die Rissabstände Δx und die Risslängen Δz konstant sind (Abb. 3.14). Die Verbundkräfte ΔF_t sind gleichmässig entlang der Bewehrung verteilt (3.19). Dübelkraft und Rissverzahnung werden nicht berücksichtigt.

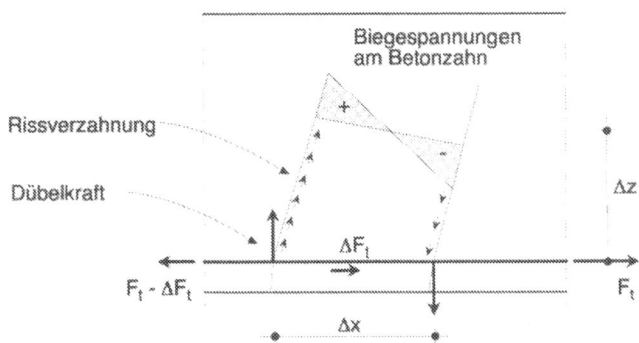

Abb. 3.14 Beanspruchung der Betonzähne

Die max. Beanspruchung der Betonzähne lässt sich berechnen als max. erreichbares Einspannmoment eines Betonzahns in Abhängigkeit der Betonzugfestigkeit (3.19).

$$\frac{\Delta F_t}{\Delta x} = \frac{f_{ct}}{6} \cdot \frac{\Delta x}{\Delta z} \cdot b \qquad \text{mit } \frac{\Delta F_t}{\Delta x} = \frac{F_t}{a} \qquad (3.19)$$

$$M_{cr,t} = d_v \cdot F_t = d_v \cdot a \cdot \frac{f_{ct}}{6} \cdot \frac{\Delta x}{\Delta z} \cdot b = \overline{M} \cdot \frac{\Delta x}{\Delta z} \cdot \frac{a}{d} \qquad \text{mit } \overline{M} = d_v \cdot \frac{f_{ct}}{6} \cdot d \cdot b \qquad (3.20)$$

- F_t: Summe der Verbundkräfte
- $M_{cr,t}$: kritisches Biegemoment, bei dem die Betonzähne reissen
- b: Breite des Bauteils
- d_v: innerer Hebelarm
- f_{ct}: Zugfestigkeit des Betons

Durch Umformen von (3.19) in (3.20) mit Hilfe des Fakoren $\overline{M}$, der nur von Querschnittskennwerten abhängig ist, erhält man das kritische Biegemoment $M_{cr,t}$, wenn die Betonzähne reissen. Für das Verhältnis $a/d > \alpha_3$ tritt reiner Biegebruch auf (Abb. 3.15).

Wird das Schubspannweitenverhältnis $\alpha = a/d$ kleiner als ein Wert α_2, so beginnt sich anstelle der Betonzähne eine Bogentragwirkung auszubilden. Zur Beschreibung des Widerstandes infolge Bogentragwirkung hat Kani (1964) aus geometrischen Bedingungen der sich ausbildenden Spannungstrajektorien das kritische Moment nach (3.21) abgeleitet. Der Faktor k berücksichtigt die erhöhte Druckfestigkeit des Betons bei zweiachsialer Druckbeanspruchung.

$$M_{cr,a} = M_R \cdot \frac{d}{k \cdot a} \qquad (3.21)$$

$M_{cr,a}$: kritisches Biegemoment, bei dem die Bogentragwirkung massgebend ist
M_R: plast. Biegemoment
a: Kraftabstand
k: =0.9, berücksichtigt den zweiachsialen Spannungszustand bei Bogentragwirkung

Für $\alpha < \alpha_1$ ändert sich die Tragwirkung nochmals. Die Last Q stützt sich über eine geneigte Druckdiagonale direkt auf das Auflager ab. Die Biegebewehrung wird durch die horizontale Komponente der Druckdiagonalen beansprucht. Das plastische Bruchmoment M_R kann für $\alpha < \alpha_1$ und volle Verankerung wieder vollständig erreicht werden.

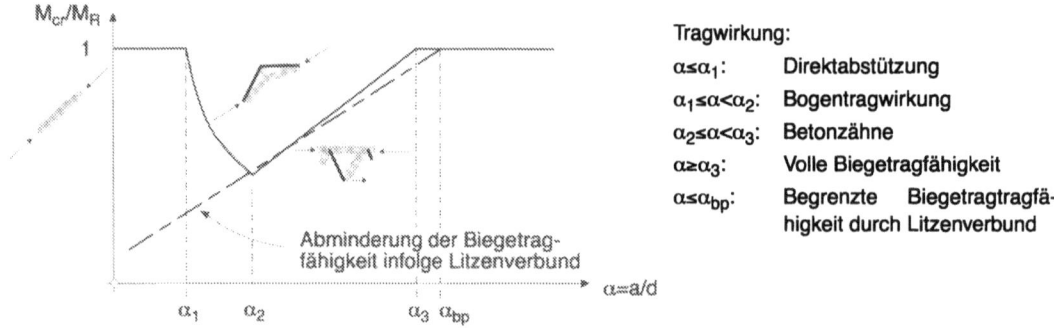

Abb. 3.15 Einfluss der verschiedenen Tragwirkungen auf die Traglast bei voller Verankerung der Bewehrung nach Muttoni (1990) ergänzt durch die begrenzende Wirkung durch den Litzenverbund

Bei den Betonhohlplatten sind die Litzen jedoch nicht voll verankert. Daher wird sich die volle Biegetraglast erst ab einem Schubschlankheitsverhältnis $\alpha_{bp} = (\ell_{bp} - 0.5 \cdot s)/d$ einstellen können, ab welchem kein Verankerungsversagen mehr auftritt. Bei Annahme eines plastischen Verbundes (Abb. 3.1) nimmt der Biegetragwiderstand für $\alpha < \alpha_{bp}$ linear ab.

Rechenverfahren für den Biegeschubbruch

Der Schubwiderstand V_{Rf} von vorgespannten Hohlplatten ohne Schubarmierung ergibt sich durch Addition der Schubwiderstände des schlaff bewehrten Stahlbetonquerschnittes und infolge Vorspannung (3.22).

$$V_{Rf} = V_{Rc} + V_{Rp} \qquad (3.22)$$

V_{Rc}: Schubwiderstand des nur längsbewehrten Stahlbetonquerschnitts
V_{Rp}: Schubwiderstand infolge Vorspannung

Der Schubwiderstand des nur längsbewehrten Stahlbetonquerschnittes wird durch den ersten Summanden von (3.23) beschrieben. Die Formel entstand aus statistischen Analysen von Versuchen [CEB (1978)], wobei Dübelkraft und Rissverzahnung berücksichtigt sind. Der zweite Summand beschreibt den Schubwiderstand infolge Vorspannung. Das Dekompressionsmoment M_0 (3.24) ist dasjenige Moment, bei welchem die aufgebrachte Last gerade die Betonrandspannung $\sigma_c=0$ ergibt.

$$V_{Rf} = 0.068 \cdot \sqrt{f_c} \cdot b_w \cdot d \cdot \xi \cdot (1 + 0.5 \cdot \rho_0) + \frac{M_0}{M} \cdot V \quad \text{nach FIP (1988)} \quad (3.23)$$

$$M_0 = \sigma_{cp} \cdot W_u = \sigma_p \cdot A_p \cdot (k_o + e_u) \quad (3.24)$$

M_0: Dekompressionsmoment
W_u: Widerstandsmoment unten
e_u: Exzentrizität der Litze
k_o: Kernweite oben
ξ: =1.6-d [m]
ρ_0: =100·A_p/(b_w·d)

Abb. 3.16 vergleicht die Resultate der ETH-Versuche mit dem Modell für den Biegeschubbruch nach Kani (1964) ergänzt mit der Begrenzung des Biegemomentes bei Verankerungsversagen. Für die Hohlplatten P20 zeigt sich, dass der Biegewiderstand nach dem Betonzahn-Modell etwas grösser ist als nach dem Verankerungsmodell (Litzenverbund). Aufgrund dieser Modell-Annahmen liegen Verankerungsbruch und Biegeschubbruch jedoch sehr nahe beieinander. Entsprechend zeigten die Versuche auch beide Brucharten.

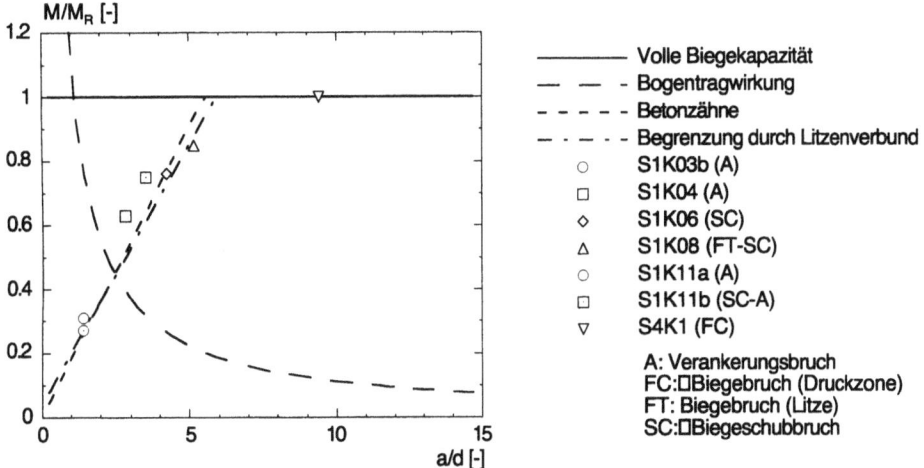

Abb. 3.16 Vergleich des Biegeschubbruchmodells nach Kani (1964) mit den ETH-Versuchen an den Hohlplatten P20 mit Auflagerbreite s=80mm

Abb. 3.17 vergleicht Biegeschubbruchwerte von Hohlplatten P20 mit Auflagerbreiten s=80mm und s=60mm mit dem entsprechenden Biegeschubwiderstand V_{Rf} nach (3.23). Sämtliche Versuchsresultate liegen über dem errechneten Schubwiderstand, weil die statistische Auswertung, welcher (3.23) zugrunde liegt, auf einem 5%-Fraktil-Wert beruht. Dieser liegt für eine Auflagerbreite von s=60mm wenig tiefer als für s=80mm, da im Summand V_{Rp} zur Berücksichtigung des Dekompressionsmomentes M_0 eine grössere Einbettungslänge mitgerechnet werden kann.

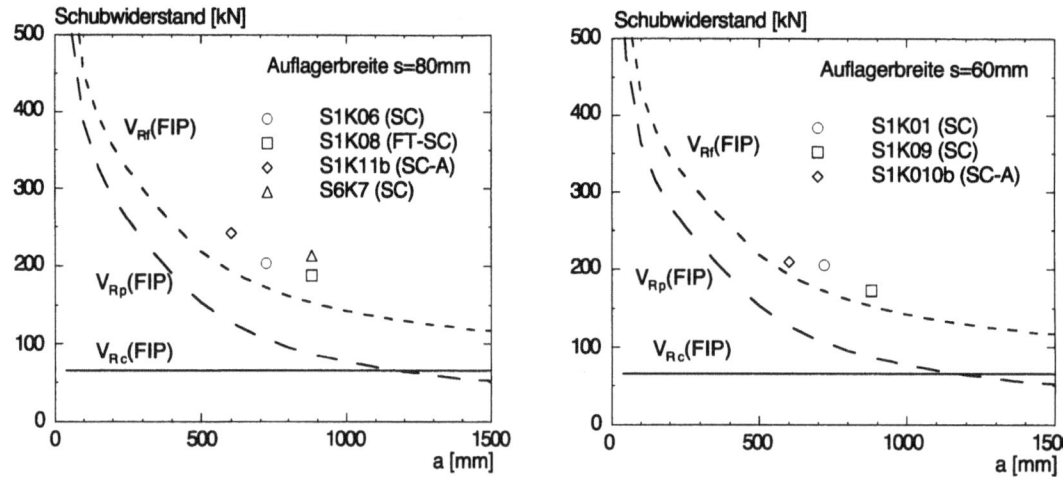

Abb. 3.17 Biegeschubwiderstände nach FIP (1988) im Vergleich mit Resultaten der ETH-Versuche mit Auflagerbreite s=80mm und s=60mm

In Abb. 3.18 ist der Mechanismus des Biegeschubbruches deutlich sichtbar. Zwischen zwei Biegerissen bildet sich ein Betonzahn aus, der durch eine Verbundkraft belastet wird. Bei zunehmender Verbundkraft verlängert sich der Biegeriss diagonal, bis es zum Bruch durch Vordringen des Diagonalrisses in die Druckzone kommt.

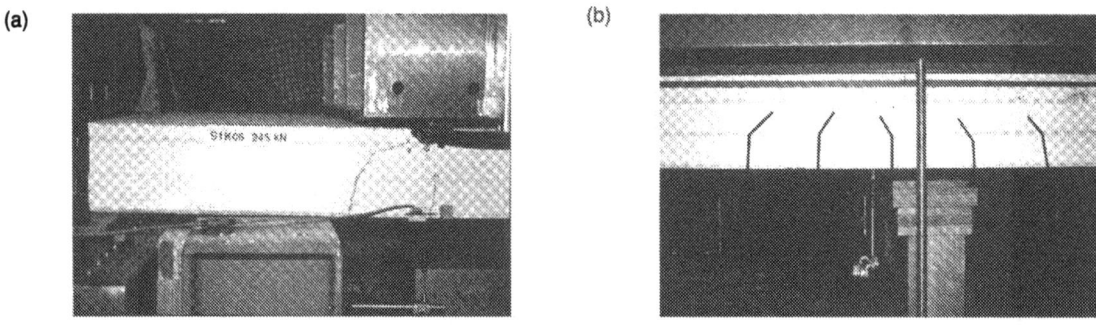

Abb. 3.18 Biegeschubbruch (SC) durch Reissen der Betonzähne (a) beim Versuch S1K06 unter Linienlast und (b) beim Versuch S5K1 unter Gleichlast

Zur Modellierung einer Gleichlast durch zwei Linienlasten für einen einfachen Balken kann man die Gleichlast durch zwei konzentrierte Linienlasten in den Viertelspunkten ersetzen. Das max. Biegemoment und die Auflagerkraft bleiben gleich. Das Schubspannweitenverhältnis ergibt sich dann zu $a/d=\ell/(4d)$. Leonhardt und Walther (1962) zeigen, dass das Verhalten für Gleichlast im wesentlichen dasselbe ist wie für zwei Linienlasten. Jedoch wegen der besseren Lastverteilung wird unter Gleichlast ein etwas höherer Tragwiderstand erhalten. Dasselbe wurde in den ETH-Versuchen beobachtet. Der Versuch S5K1 unter Gleichlast erreichte den höheren Widerstand als der aus den Versuchen S2K15b und S2K16b unter Linienlast interpolierte Wert für das gleiche Schubspannweitenverhältnis.

3.2.5 Schubzugbruch

Ein Schubzugriss (auch Stegzugriss genannt) tritt dann auf, wenn im ungerissenen Stegbereich (Diagonalschubzone) der Hohlplatte die Hauptzugspannung die Zugfestigkeit des Betons überschreitet. Für die Berechnung werden folgende vereinfachende Annahmen getroffen [Walraven und Mercx (1983)]:

- Die Vorspannung in der Übertragungszone verteilt sich gleichmässig über die Plattenbreite.
- Die in den Betonquerschnitt eingeleitete Vorspannkraft breitet sich von der Litze unter 45° aus.
- Die Vorspannung erzeugt nur Spannungen in Plattenlängsrichtung.
- Die Litzenspannung baut sich je nach Ansatz linear oder parabolisch über die Übertragungslänge auf.
- Die grösste Schubbeanspruchung findet sich in der Ebene, die sich vom inneren Rand des Auflagers (auf Litzenhöhe) aus unter 45° neigt.
- Im kritischen Schnitt P-P (Abb. 3.19) werden die Normalspannung infolge Biegung und die Auflagerpressungen vernachlässigbar klein.

Da als äussere Belastung nur die Schubspannung wirkt, kann als Bruchbedingung die Normalspannungshypothese angesetzt (3.25) und nach τ aufgelöst werden (3.26).

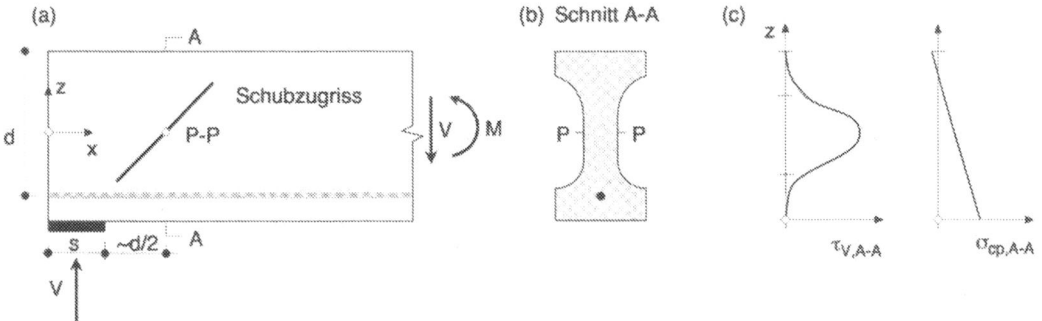

Abb. 3.19 (a) Schubzugriss (ST) breitet sich von Stegmitte gegen oben und unten unter 45° aus in Richtung des inneren Auflagerrandes, (b) Betonhohlplattenquerschnitt und (c) Spannungsverteilungen kurz vor dem Riss im Schnitt A-A

$$f_{ct} = \frac{\sigma_{cp}}{2} + \sqrt{\frac{\sigma_{cp}^2}{4} + \tau^2} \tag{3.25}$$

$$\tau = \sqrt{f_{ct}^2 + f_{ct} \cdot \sigma_{cp}} \qquad \text{mit } \tau = \frac{V \cdot S}{I \cdot b_w} \tag{3.26}$$

- b_w: totale Stegbreite
- I: Trägheitsmoment
- S: Flächenmoment
- V: Schubbeanspruchung
- σ_{cp}: $=\sigma_p \cdot A_p/A_c$, Betonspannung infolge Vorspannung

Durch Auflösung von (3.26) nach V erhält man den Schubzugwiderstand V_{Rt} beim Auftreten eines Schubzugrisses (3.27). Der Wert α ist das Verhältnis zwischen eingeleiteter Vorspannkraft beim kritischen Schnitt P-P und der vollen Vorspannkraft.

$$V_{Rt} = \frac{I \cdot b_w}{S} \cdot \sqrt{f_{ct}^2 + \alpha \cdot \sigma_{cp} \cdot f_{ct}} \tag{3.27}$$

- α: $=s/\ell_{bpt}$, nach prEN 1168 (1996)
- α: $=1-[(\ell_{bpt}-s)/\ell_{bpt}]^2$, nach FIP (1982)

Werden nun die Umlenkkräfte an den Plattenober- und unterseiten aus Einleitung der Vorspannkraft berücksichtigt, so entstehen zusätzlich Querzugspannungen. Die Hauptspannungshypothese (Abb. 3.20) kann somit neu formuliert werden (3.28). Der Schubzugwiderstand $V_{Rt,b}$ ergibt sich zu (3.29).

$$f_{ct} \geq \frac{\sigma_{cp,x} + \sigma_{cb,z}}{2} + \sqrt{\left(\frac{\sigma_{cp,x} - \sigma_{cb,z}}{2}\right)^2 + \tau_{cV,xz}^2} \qquad (3.28)$$

$$V_{Rt,b} = \frac{b_w \cdot I}{S} \cdot \sqrt{f_{ct}^2 - f_{ct} \cdot \frac{\sigma_{cp,x} + \sigma_{cb,z}}{2} + \sigma_{cp,x} \cdot \sigma_{cb,z}} \qquad (3.29)$$

σ_{cb}: $= f_{bp} \cdot u_b \cdot \Delta x / (b_w \cdot \Delta x) = f_{bp} \cdot u_b / b_w$, Spaltzugspannung (Betonspannung inf. Umlenkung der Vorspannung)

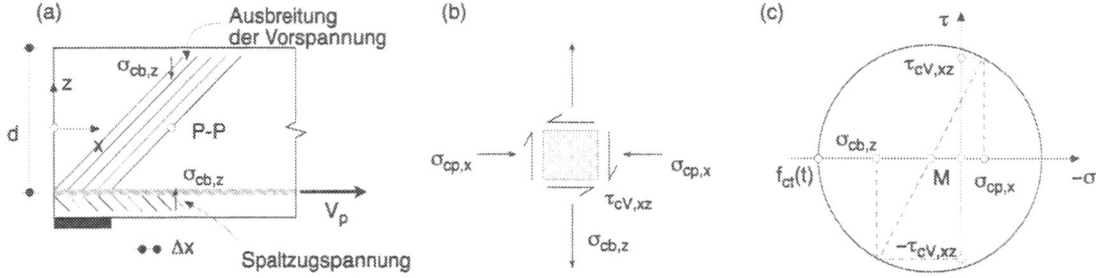

Abb. 3.20 Ausbreitung der Vorspannung und daraus resultierende Spaltzugspannungen, (b) Spannungen und (c) Mohr'scher Spannungskreis für den kritischen Punkt

Die ETH-Versuche haben gezeigt, dass der Schubzugriss sich in der Rissausbreitungsrichtung nicht bis an die Plattenober- und -unterseite ausbreitet. Eine mögliche Erklärung dafür ist, dass im Oberflansch zusätzliche Druckspannungen aus Biegung wirken und im Unterflansch Auflagerpressungen günstigen Einfluss haben. Generell wird der Riss zu einem spröden Bruch führen, wenn beim Erreichen der Zugfestigkeit im Schnitt P-P die im System durch Belastung gespeicherte Energie grösser ist als die Energie, die durch die Rissbildung dissipiert werden kann. Dies wurde allerdings in unseren Versuchen nicht beobachtet.

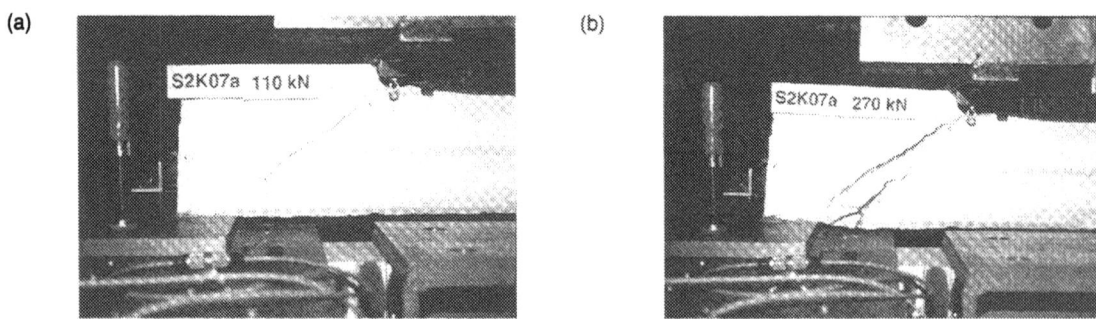

Abb. 3.21 Schubzugriss (ST) beim Versuch S2K07a mit Plattentyp P20, RV bei einer aufgebrachten Last von (a) 110kN und (b) 270kN. Der Versuch zeigt, dass nach einem Schubzugriss die Last noch deutlich gesteigert werden kann. Das Versagen ist bei diesem Versuch durch Verankerungsbruch eingetreten!

Weiter wurde festgestellt, dass nach dem Auftreten eines Schubzugrisses die Belastung bis zum Versagen durch Verankerungsbruch gesteigert werden konnte (Abb. 3.21). Auch in [CEB (1978)] wird ähnliches Verhalten erwähnt: Nach einem Schubzugriss könne die Belastung gesteigert werden, bis das Versagen durch Biegeschub- oder Verankerungsbruch eintrete.

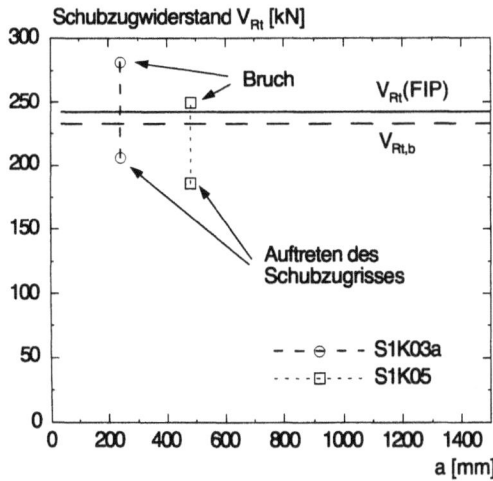

Abb. 3.22 Schubzugrisse und anschliessende Laststeigerung bis zum Bruch an den Hohlplatten P20 mit Auflagerbreite s=120mm der ETH-Versuche im Vergleich mit dem Schubzugwiderstand berechnet nach dem Modell FIP (1988) und dem Modell nach (3.29)

Abb. 3.22 zeigt die nach (3.27) und (3.29) berechneten Schubzugwiderstände für Hohlplatten P20 bei einer Auflagerbreite von s=120mm. Es zeigt sich, dass mit Berücksichtigung der Spaltzugspannungen der Widerstand gegenüber dem Modell nach FIP (1988) leicht absinkt. Die Abminderung kann mit ca. 5% für diesen Fall als gering eingestuft werden. Dargestellt sind auch Versuchsresultate zum Zeitpunkt des Auftretens des Schubzugrisses. Nach Auftreten des Risses konnte die Last noch massiv gesteigert werden, bis der Bruch durch jeweils einen anderen Mechanismus eintrat. Die Überschätzung des Schubzugwiderstandes ist nicht allein mit der Streuung der Betonfestigkeit zu erklären. Frühes Auftreten eines Schubzugrisses kann in einem Randsteg durch Auflagerpressungskonzentrationen gegen die Betonhohlplattenecken gefördert werden.

3.2.6 Verbundversagen Betonhohlplatte-Überbeton

Der Widerstand einer Verbundfuge zwischen Betonhohlplatte und Überbeton besteht aus drei Anteilen: Haftung (Adhäsion), Reibung und Bewehrung [Ackermann und Burkhardt (1992)]. Häufig wird die Verbundfuge ohne Schubarmierung ausgeführt und der Reibanteil kann infolge fehlender senkrecht zur Fuge stehender Belastung vernachlässigt werden. Für diesen Fall gibt die prEN 1168 (1996) den Schubwiderstand in der Verbundfuge nach (3.30) an. Die Anwendbarkeit von plastischen Verbundgesetzen zwischen zwei Betonschichten wurde von Brenni (1995) untersucht.

$$\tau_{Radh} = k_T \cdot 0.25 \cdot f_{ct} \tag{3.30}$$

k_T: =1.0 (bei Herstellung mit Gleitfertiger oder Extruder)

τ_{Radh}: Haftverbundfestigkeit bei starrem Verbund

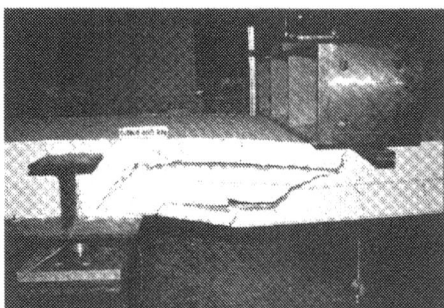

Abb. 3.23   Verbundversagen Betonhohlplatte-Überbeton beim Versuch S3K4

In Abb. 3.23 ist das Versagen des Verbundes zwischen Betonhohlplatte und Überbeton beim Versuch S3K4 ersichtlich. Der wirksame Verbund bestand nur aus dem Haftanteil. (3.30) ergibt eine Haftverbundfestigkeit von τ_{Radh}=0.65 N/mm^2. Ackermann und Burkhardt (1992) geben bei starrem Verbund einen Wert für die Haftverbundfestigkeit in der gleichen Grössenordnung vor. Zum Zeitpunkt des Bruches war der Querschnitt auf Biegung zu 66% ausgenützt. Eine elastische Berechnung der maximalen Schubspannung (τ=V·S/(I·b)) in der Verbundfuge ergibt τ_u=0.59 N/mm^2. In Wirklichkeit war wegen dem gerissenen Querschnitt und Plastifizierungen die Verbundspannung leicht höher, womit das Erreichen des Verbundwiderstandes in der Fuge Hohlplatte-Überbeton erklärt werden kann.

3.2.7   Versagen durch Steglängsschubbruch

Das Versagen durch Steglängsschubbruch ist von spröder Art. Der Bruch kann bei hohen Betonhohlplatten sogar ohne äussere Belastung bereits beim Ablassen der Litzenvorspannung aus dem Spannbett oder auch bei äusserer Beanspruchung auftreten [Girhammar (1992)]. Der massgebende Riss kann sich entlang der Litzen oder entlang den Stegen ausbreiten. Häufig führt der Steglängsschubbruch in der Folge zu andern Brucharten. Abb.3.24 zeigt einen Steglängsschubbruch, der kombiniert mit Verankerungs- und Biegeschubversagen aufgetreten ist.

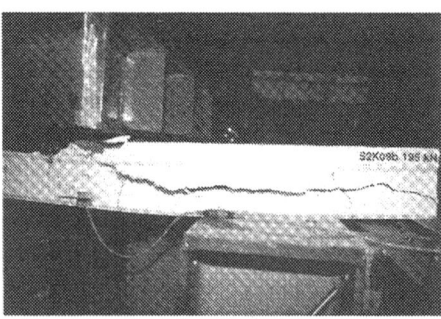

Abb. 3.24   Stegschublängsbruch (LWS) beim Versuch S2K09b an einer Hohlplatte P16

4 Tragverhalten von Betonhohlplatten bei erhöhten Temperaturen

4.1 Zusammenstellung neuerer Brandversuche

Experimentelle Untersuchungen des Tragverhaltens von Betonhohlplatten auf starrer Auflagerung wurden bereits in den fünfziger Jahren [Spancrete (1958)] durchgeführt. Ein Brandversuch mit flexiblem Auflager erfolgte erstmals 1993 durch das CTICM im Beisein von Experten aus verschiedenen Ländern. In nachfolgender Tabelle sind neuere Brandversuche an Betonhohlplatten mit den wichtigsten Daten zusammengestellt. Davon sind 6 ETH-Brandversuche [Borgogno und Fontana (1996)]. Die Versuche CTICM 95 bis 96 (vgl. Tab. 4.1) wurden mitbeobachtet. Eine Vielzahl von Resultaten aus Brandversuchen mit Hohlplatten sind im Besitz der Hersteller und wurden bisher nicht veröffentlicht. Über kommerzielle Versuche, welche nicht den gewünschten Erfolg zeigen, werden häufig keine Prüfprotokolle erstellt, sodass diese Daten leider nicht für eine Auswertung zur Verfügung stehen.

Tab. 4.1 Zusammenstellung der für die Modellüberprüfung betrachteten Brandversuche

Versuch[1]	Datum	Platte[2]	Lagerung[3]	s[4]	ℓ_c[5]	Bewehr.[6]	M/V[7]	t_u[8]
PTT	16.08.94	P16+8	flex./f	80	100/500	A_s^-/A_t	22.0/26.6	>122
B2-1	21.03.95	P20	flex./f	85	100	-	18.5/26.4	>122
B2-2	15.03.95	P20	flex./f	80	100	-	30.1/42.1	49/A
B2-3	27.03.95	P20	flex./f	80	100/500	A_t	31.1/48.1	75/P
B2-4	23.06.95	P20, PL	flex./f	89	100	-	27.4/38.1	75/A
B3-1N	05.07.95	P20	starr/f	80	100	-	30.2/34.3	97/A
B3-1P	05.07.95	P20, PL	starr/f	80	100	-	27.0/33.9	>97
CTICM 73	26.03.73	DCS16	starr/f	200	100	-	32.3/34.0	55/B
CTICM 93	21.04.93	DCS16	flex./f	100	100	-	42.1/28.1	33/B
CTICM 95/1	02.11.95	DAL16+5	flex./f	90	190	A_s^-	71.0/46.6	48/B
CTICM 95/2	07.12.95	DAL16+5	flex./f	90	740	A_s^-/A_t	46.7/32.0	99/D
CTICM 96/1	28.08.96	DAL16+5	starr/f-b	90	190	A_s^-	71.0/46.6	70/FC
CTICM 96/2	03.09.96	DAL16	starr/f(-b)	90e	160	-	49.6/33.4	40/FC
HD-2/85	1985	HD14	starr/f	225	-	-	36.5/30.4	32/B
HD-3/85	1985	HD14	starr/f	225	-	-	21.7/18.2	50/FT
HD-3/85	1985	HD14	starr/f	225	-	-	27.5/22.8	45/FT
Sevilla	02.92	HOR14+6	starr/f(-b)	75	-	A_s^-	13.5/6.0	*/B

1 Versuche: Die Versuche in Zürich (PTT und Bi-k) sind in [Borgogno und Fontana (1995/6)] beschrieben. Die Versuche von Metz (CTICM *) sind in [CTICM (1973)], [CTICM (1995/1)], [CTICM (1995/2)], [CTICM (1996/1)] und [CTICM (1996/2)] dargestellt, diejenigen von Braunschweig (HD-*) in [Richter (1987/2)]. Der Brandfall in Sevilla wurde in [Rui-Wamba (1994)] veröffentlicht.

2 Platten: Alle Hohlplattentypen sind 1.20m breit. Bis auf P20, PL (profiliert) haben alle glatte Litzen. Die erste Zahl entspricht der Plattenhöhe, die zweite der Überbetonhöhe. [cm]

3 Lagerung: Es wird zwischen flexibler Lagerung auf einem Stahlträgerunterflansch (flex.) und einer starren, gleichmässigen Auflagerung (starr) unterschieden. f steht für freie Ausdehnungsmöglichkeit des Versuchskörpers und b (blockiert) für Dehnungsbehinderung in Längsrichtung.

4 Auflagerbreite s: e bedeutet, dass der Auflagerbereich der Platte gänzlich einbetoniert ist. [mm]

5 Fülltiefe ℓ_c: Länge der Fülltiefe von Beton in den Hohlräumen. Im Falle einer zusätzlichen Bewehrung in jeweils 2 Hohlräumen pro Platte gibt die zweite Zahl deren Fülltiefe an. [mm]

6 Bewehrung: $A_s^{-(-)}$: Bewehrung im Überbeton. A_t: Hohlraumbewehrung (z.T. schräge Zugbewehrung).

7 M/V: Mit M wird das max. Moment pro Hohlplatte bezeichnet, mit V die max. Querkraft. [kNm] und [kN]

8 Feuerwiderstanddauer t_u: Versagenszeit [min]. Versagensarten: Verankerungsversagen (A), spröder Stegbruch in Kombination mit völliger Zerstörung (B), Versuchsabbruch infolge schneller Zunahme der Deformationen (D), Betonversagen in der Biegedruckzone (FC) und Schubversagen inolge Durchstanzen (P).

Die Bezeichnung der Versagensarten bezieht sich auf die Berechnungsmodelle weiter hinten. Die Zuordnung der jeweiligen Versagensarten ist aufgrund der Versuchsbeobachtung oft schwierig, z.T. treten auch kombinierte Versagensformen auf.

4.2 Beanspruchung bei erhöhten Temperaturen

Im Brandfall entsteht durch die einseitige Temperaturbeanspruchung ein ausgeprägter Temperaturgradient in den Hohlplatten. Dieser Temperaturgradient führt zu thermischen Dehnungen und Krümmungen. Je nach Lagerungsbedingungen der Hohlplatten können sich Zwängungen einstellen, welche das Brandverhalten wesentlich beeinflussen.

Bei freier Dehnung der Hohlplatten entstehen Eigenspannungen infolge des Temperaturgradienten (Zug im Steg, Druck unten und oben im Flansch). Bei Dehnbehinderung wirkt zusätzlich eine Zwangnormalkraft, welche wegen der höheren Temperaturdehnung der Plattenunterseite unterhalb der Schwerachse angreift. Infolge dieser Zwangnormalkraft kann sich eine günstige Bogentragwirkung einstellen, welche die Feuerwiderstandsdauer entscheidend verbessern kann [Spancrete (1958)]. Die in Tab. 4.1 dargestellten Versuche waren i.d.R. nicht dehnbehindert (Ausnahme: CTICM 96/1 u. 96/2).

4.2.1 Thermische Eigenspannungen

Berechnungsannahmen

Es wird vorausgesetzt, dass die Hypothese von Navier-Bernoulli - Ebenbleiben des Querschnittes - auch für Brandbeanspruchung zutrifft. Im Randbereich entstehen jedoch infolge Eigenspannungen hohe Schubbeanspruchungen (Ausgleich der Druckkräfte im Beton mit den Zugkräften in der Litze, Abb. 4.1). Für das stark schubbeanspruchte Endelement wird angenommen, dass seine Länge gleich der Höhe der Hohlplatte ist. Sowohl analytische wie auch FEM-Berechnungen zeigen beim Aufbringen verschiedener Temperaturdehnungen, dass im Endelement grosse Hauptspannungsänderungen und Schubspannungen auftreten.

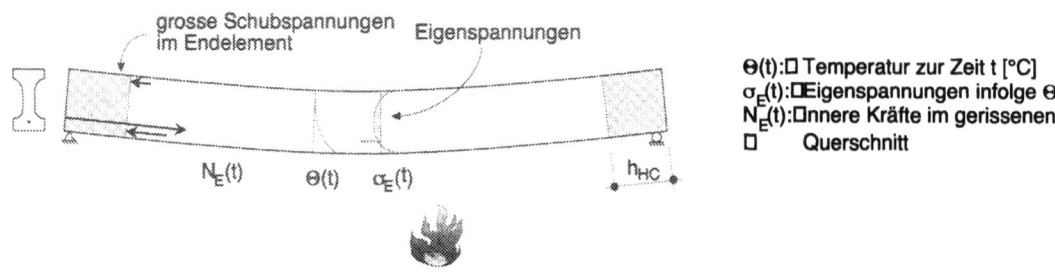

Abb. 4.1 Temperaturgradient $\Theta(t)$ im Brandfall, Eigenspannungen $\sigma_E(t)$ im Bauteil und Scheibenbeanspruchung infolge Eigenspannungen im Endelemnt

Der Einfluss der Spannungsgeschichte auf das plastische Moment von Biegeträgern bei Brandbeanspruchung ist gering. Richter (1987) zeigte anhand von Biegeversuchen, dass die Versagenstemperatur näherungsweise gleich bleibt, unabhängig davon ob der Versuchskörper nach einer bestimmten Normbranddauer kontinuierlich bis zur Versagenslast oder ob er konstant mit der Versagenslast von Versuchsbeginn an belastet wird. Die Versuche in Tab. 4.1 wurden alle von Versuchsbeginn an mit konstanter Last und ISO-Normbrand durchgeführt.

Berechnung der Spannungs-Dehnungs-Verteilung

Als Gedankenmodell wird zur vereinfachten Erfassung des Hochtemperaturverhaltens eines Betonbauteiles der Querschnitt zunächst in k diskrete, in Längsrichtung frei dehnbare Lamellen unterteilt (Abb. 4.2). Der Querschnitt ist bei Brand oder im Ofenversuch einem bestimmten Temperaturverlauf $\Theta(t)$ an der Unterseite ausgesetzt. Durch eine Temperaturfeldberechnung (vgl. Kap. 2.2.3) kann zum Zeitpunkt t jeder Lamelle i eine mittlere Temperatur $\Theta_i(t)$ und deren Materialgesetz zugeordnet werden. Die Temperaturen, die Materialeigenschaften, Dehnungen und Spannungen des Betons werden im Schwerpunkt jeder Lamelle angesetzt und über die Lamellendicke als konstant angenommen. Die Materialeigenschaften und damit die Querschnittswerte ändern sich für jeden Zeitpunkt in Abhängigkeit der sich verändernden Temperaturfelder. Eine ähnliche Methode haben Rostásy et al. (1993) zur Kontrolle von frühen Temperaturrissen in Betonbauteilen angewandt.

Die freien Temperaturdehnungen der einzelnen Lamellen lassen sich nach (4.1) aus dem Temperaturfeld mit Hilfe der temperaturabhängigen Wärmedehnzahl α_T berechnen.

$$\varepsilon_{th,i}(t) = \alpha_T(\Theta) \cdot \Theta_i(t) \tag{4.1}$$

Θ_i: Temperaturbeanspruchung der Lamelle i
α_T: Wärmedehnzahl
$\varepsilon_{th,i}$: thermische Dehnung der Lamelle i

Im effektiven Querschnitt sind die freien Temperaturdehnungen wegen der Forderung "Ebenbleiben des Querschnittes" nicht gegeben. Es entstehen Dehnungen, die die Temperaturdehnungen der einzelnen Lamellen zu einem ebenen Querschnitt drücken bzw. ziehen. Diese Dehnungen erzeugen Spannungen. Erstere werden nachfolgend als spannungserzeugende Dehnungen und letztere als thermische Eigenspannungen bezeichnet.

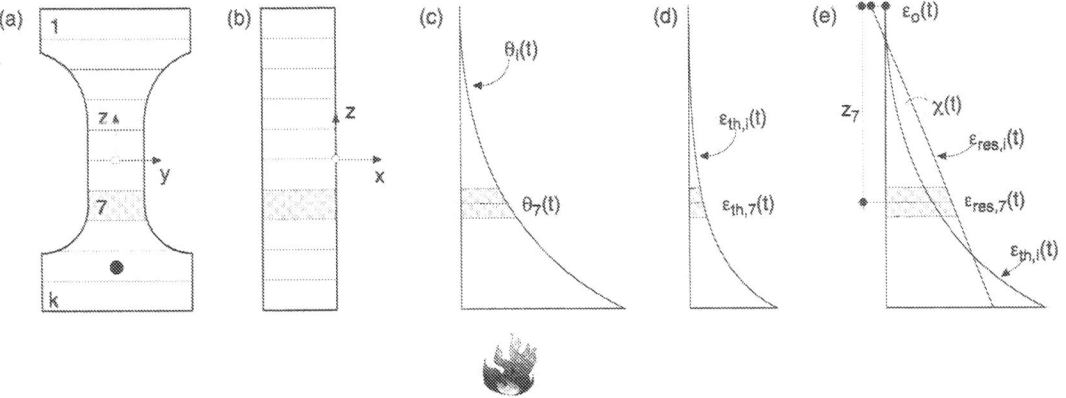

Abb. 4.2 Lamellenmethode an einem scheibenförmigen Ausschnitt einer Betonhohlplatte bei Vernachlässigung der Vorspannung: (a) Einteilung des Querschnitts in Lamellen, (b) Lamellen in Plattenlängsrichtung, (c) Temperaturbeanspruchung des Ausschnitts, (d) freie Temperaturdehnungen und (e) resultierende Dehnungsebene

Die Gesamtdehnungen der einzelnen Lamellen $\varepsilon_{res,i}$ lassen sich z.B. durch die Dehnung einer Randlamelle ε_0 und die Krümmung χ des Querschnittes beschreiben (4.2). Sie setzen sich aus der freien Temperaturdehnung $\varepsilon_{th,i}$ und der spannungserzeugenden Dehnung $\varepsilon_{E,i}$ zusammen (4.3). Das Hochtemperaturkriechen ist näherungsweise in den Materialgesetzen aus [ENV 1992-1-2] berücksichtigt.

$$\varepsilon_{res,i}(t) = \varepsilon_o(t) + \chi(t) \cdot z_i(t) = \varepsilon_{th,i}(t) + \varepsilon_{E,i}(t) \tag{4.2}$$

$$\varepsilon_{E,i}(t) = \varepsilon_{res,i}(t) - \varepsilon_{th,i}(t) \tag{4.3}$$

$\varepsilon_{E,i}$: spannungserzeugende Dehnung der Lamelle i
$\varepsilon_{res,i}$: resultierende Dehnung der Lamelle i

Jeder Lamelle kann nun entsprechend der Temperatur aufgrund des Materialgesetzes eine Spannungs-Dehnungs-Beziehung zugeordnet werden (4.4). Damit lässt sich die Lamellenspannung in Abhängigkeit der spannungserzeugenden Dehnung $\varepsilon_{E,i}$ bestimmen.

$$\sigma_{E,i}(t) = \sigma(\varepsilon_{E,i}(t), t) \tag{4.4}$$

$\sigma_{E,i}$: Eigenspannung der Lamelle i
$\sigma_i(\varepsilon,t)$: Materialgesetz der Lamelle i bei der Temperatur zum Zeitpunkt t

Im Falle einer reinen Temperaturbeanspruchung ohne äussere Belastung und ohne Dehnbehinderung bei den Auflagern sind die äusseren Schnittkräfte null. Die inneren Schnittkräfte, bestehend aus dem Moment M_Θ und der Normalkraft N_Θ, errechnen sich nach (4.5) und (4.6) durch Summation der Anteile aus den Lamellenspannungen ($\sigma_{Ec,i}$) und aus der Litzenspannung (σ_{Ep}).

$$N_\Theta(t) = N_c(t) + N_p(t) = \sum_{i=1}^{k} (\sigma_{Ec,i}(t) \cdot A_i) + \sigma_{Ep}(t) \cdot A_p = 0 \tag{4.5}$$

$$M_\Theta(t) = M_c(t) + M_p(t) = \sum_{i=1}^{k} (z_i \cdot \sigma_{Ec,i}(t) \cdot A_i) + z_p \cdot \sigma_{Ep}(t) \cdot A_p = 0 \tag{4.6}$$

Zur Erfüllung des Gleichgewichts (4.5/6) muss die entsprechende Dehnungsebene gesucht werden. Sie ist durch die Unbekannten Krümmung $\chi(t)$ und Randdehnung oben $\varepsilon_o(t)$ definiert und muss iteriert werden. Mit Hilfe von kommerziellen Programmpaketen wie z.B. Mathcad (1996) können solche Berechnungen einfach durchgeführt werden.

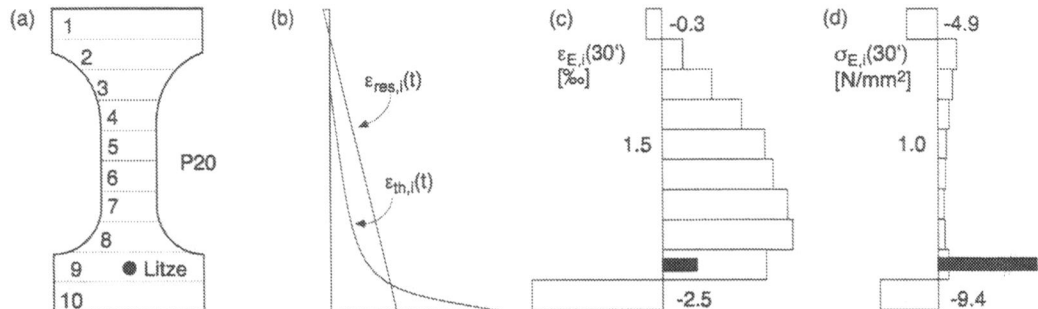

Abb. 4.3 Spannungs-Dehnungs-Verteilung der Hohlplatte P20 ohne Vorspannung und äussere Belastung nach 30min ISO-Normbrand: (a) Lamelleneinteilung, (b) thermische Dehnungen $\varepsilon_{th,i}$ und gesuchte Gesamtdehnungen $\varepsilon_{res,i}$, (c) spannungserzeugende Dehnungen $\varepsilon_{E,i}$ und (d) Eigenspannungen $\sigma_{E,i}$

Abb. 4.3 zeigt die Eigenspannungsverteilung der Hohlplatte P20 nach 30 Minuten ISO-Normbrand. In den Randlamellen entsteht Druck und im Querschnittsinnern Zug. Da die Zugdehnungen im Beton über die Bruchdehnung hinausgehen, befinden sich die Zuglamellen schon auf dem entfestigenden Ast des Spannungs-Dehnungs-Diagrammes. Dadurch werden die Eigenspannungen im gezogenen Beton etwas abgebaut, die Litzen werden jedoch stärker auf Zug beansprucht.

Zu jeder Zeit t haben die Lamellen unterschiedliche Temperaturen $\Theta_i(t)$ und demzufolge auch unterschiedliche Spannungs-Dehnungs-Beziehungen. Solche sind in Abb. 4.4 für die Lamellen 1, 5 und 10 und die Litze gemäss Abb. 4.3 für 30 Minuten ISO-Normbrand dargestellt.

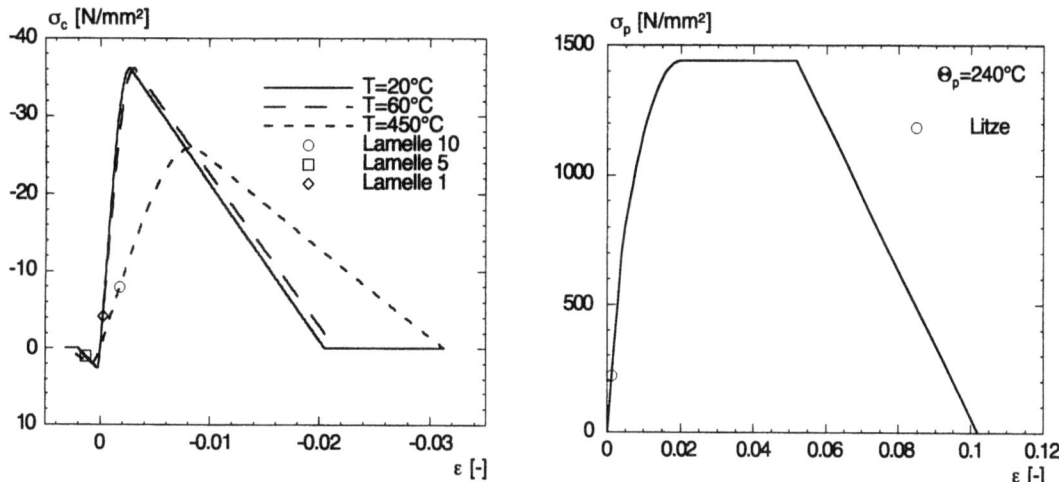

Abb. 4.4 Spannungs-Dehnungs-Beziehungen für die thermische Berechnung der Hohlplatte P20 ohne Vorspannung und äussere Belastung nach 30min ISO-Normbrand der Betonlamellen 1 ($\Theta=20\,°C$), 5 ($\Theta=60\,°C$) und 10 ($\Theta=450\,°C$) und der Litze ($\Theta=240\,°C$) und den Eigenspannungen

Abb. 4.5 zeigt die Entwicklung der Eigenspannungen der Lamellen 1, 5 und 10 und der Litze während 90 Minuten ISO-Normbrand Einwirkung. Die Spannungen der gezogenen Betonlamellen liegen zum grössten Teil auf dem entfestigenden Ast des entsprechenden Spannungs-Dehnungs-Diagrammes. Tendenziell nehmen die Eigenspannungen zu Beginn der Temperaturbelastung stark zu, bleiben konstant und nehmen wieder langsam ab. Das Maximum wird je nach Lage der Lamelle zu einem anderen Zeitpunkt erreicht. Diese Tendenz kann mit der im Verlauf des Brandes zunehmenden Durchwärmung des Querschnitts und dem damit verbundenen Abbau des Temperaturgradienten begründet werden.

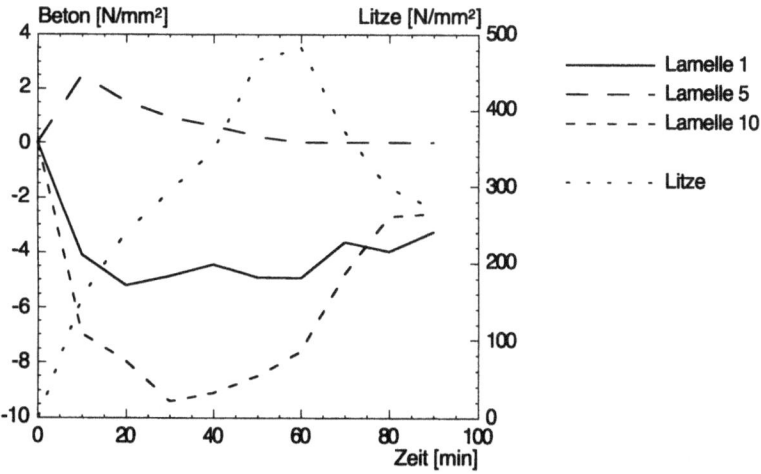

Abb. 4.5 Eigenspannungen der Betonlamellen 1, 5 und 10 und der Litze der Hohlplatte P20 ohne Vorspannung und äussere Belastung bis 90min ISO-Normbrand

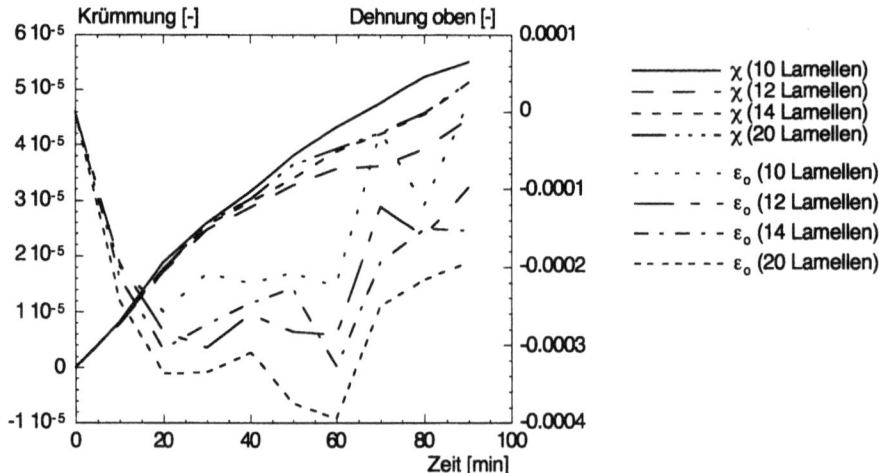

Abb. 4.6 Vergleich der resultierenden Dehnungsebene für verschiedene Lamellenanzahlen einer Hohlplatte P20 ohne Vorspannung und äussere Belastung bei ISO-Normbrand

Abb. 4.6 zeigt die bestimmenden Parameter der resultierenden Dehnungsebene, Randdehnung oben $\varepsilon_o(t)$ und Krümmung $\chi(t)$, für verschiedene Lamellenanzahlen. Die Krümmungen sind ab einer Lamellenanzahl von 14 praktisch identisch. Die grösseren Streuungen der Randdehnung $\varepsilon_o(t)$ sind durch die Querschnitts-Einteilung erklärbar. Im Bereich der Ausrundungen der Hohlplatten gibt es an jeder Lamellengrenze einen diskontinuierlichen Querschnittssprung, da jede Lamelle als Rechteck modelliert ist. Wie ein Vergleich der beiden Summanden in (4.2) zeigt, ist der Einfluss der Randdehnung ε_o für die Berechnung der spannungserzeugenden Dehnungen jedoch gering, sodass die gewählte Querschnittseinteilung in 10 Lamellen ausreichend ist.

Bei sehr feiner Lamelleneinteilung (k>30) können wegen der Näherung der Temperaturverteilung (Abb. 2.8) als Exponentialfunktion, die bei kleinen Abständen von der Unterseite für die Lamellentemperatur sehr grosse Werte ergibt, auch Abweichungen der Eigenspannungen auftreten. Sie sind jedoch gering, da mit höher werdender Temperatur auch der Spannungsanteil für die Gleichgewichtsbildung kleiner wird.

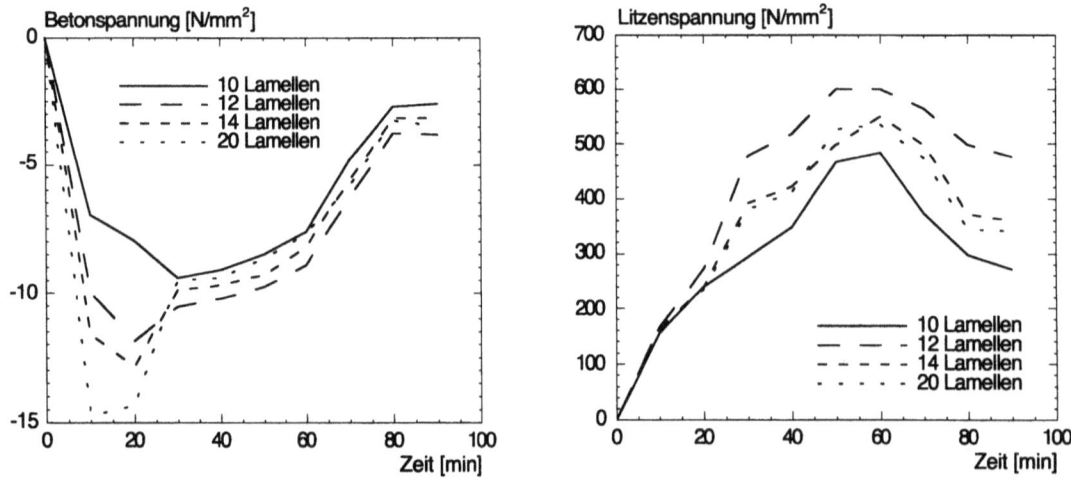

Abb. 4.7 Vergleich der Spannungen für verschiedene Lamellenanzahlen in der untersten Betonlamelle und in der Litze einer Hohlplatte P20 ohne Vorspannung und äussere Belastung bei ISO-Normbrand

Abb. 4.7 zeigt die Berechnung von Eigenspannungen mit verschiedenen Lamellenanzahlen. Die Druckspannungen in der untersten Lamelle zeigen bis 20 Minuten grosse Unterschiede. Zum einen kommen die Differenzen aus den unterschiedlichen Abständen von der Unterseite und der daraus folgendenden verschiedenen Temperaturen und Materialgesetzen. Ab 30 Minuten liegen die Druckspannungen sehr nahe beieinander. Auch bei der Litze zeigt sich, dass die Feinheit der Lamelleneinteilung ab 14 Lamellen nur noch von geringem Einfluss ist.

Rissbildung infolge Zug im Steg

Nach dem Fictitious Crack Model von Hillerborg (1992) erfolgt beim Erreichen der Zugfestigkeit eine instabile Entfestigung (Riss), wenn während der Belastung mehr Energie in der Lamelle gespeichert wird, als bei der Rissbildung dissipiert werden kann (Abb. 4.8). Dieser Ansatz wird auf die gezogenen Betonlamellen übertragen. Übersteigt die Betonspannung die Betonzugfestigkeit der Lamelle und hat die Lamelle eine kritische Länge, so reisst sie.

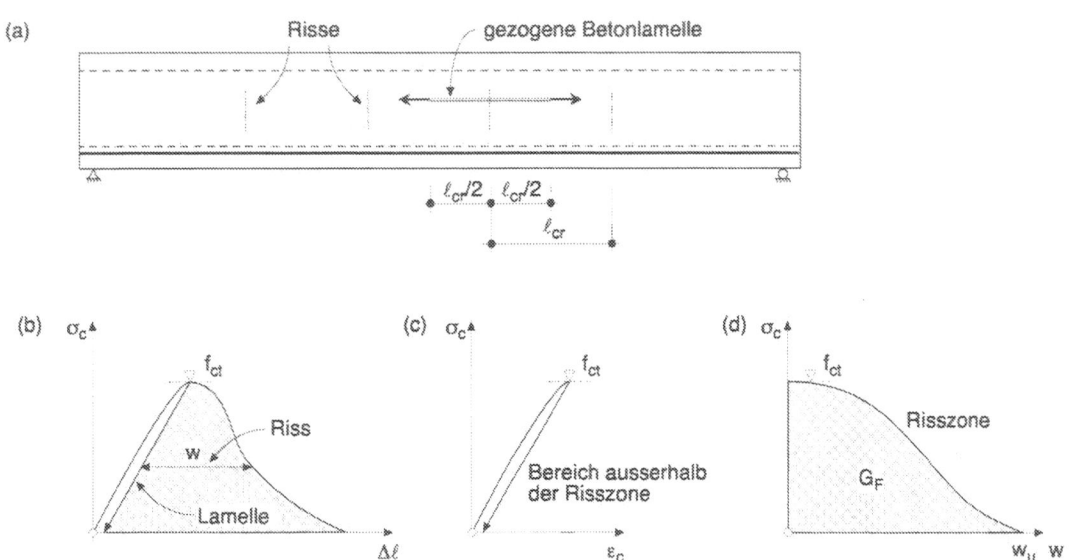

Abb. 4.8   Bildung eines Zugrisses in der gezogenen Betonlamelle infolge Eigenspannungen: (a) Kritischer Rissabstand, damit sich ein Zugriss ausbilden kann und (b) bis (d) Spannungs-Verformungs-Diagramme der Zuglamelle

Die spezifische Bruchenergie muss experimentell bestimmt werden. Sie hängt in erster Linie von der Betonfestigkeit und der Korngrössenverteilung der Zuschläge ab. Mit der Bruchenergie G_F=80 bis 140 J/m^2 [Sigrist (1995)] für Normalbeton lässt sich die kritische Länge einer Lamelle nach (4.7) berechnen. Für die Hohlplatten P20 ergibt das kritsche Längen von 650 bis 1100mm. Durch die Rissbildung wird die Bewehrung stärker belastet.

$$\ell_{cr} = \frac{2 \cdot E \cdot G_F}{f_{ct}^2} \qquad (4.7)$$

G_F: =80-140 J/m^2, spez. Bruchenergie für Normalbeton

Bei allen bekannten Brandversuchen konnten bisher keine Risse direkt beobachtet werden. Die Rissgrösse kann sich im Mikrometerbereich befinden; zudem ist es versuchstechnisch nur unter grossem Aufwand möglich, in dieser Versuchskörperregion Risseuntersuchungen zu führen. Auch Haksever (1983) kommt zum Schluss, dass sich bei brandbeanspruchten Stützen im Querschnittsinnern infolge Eigenspannungen Risse ausbilden müssen.

Beanspruchung im Endelement

Das Endelement (vgl. Abb. 4.1) wird infolge der nichtlinear verteilten Temperaturdehnungen schubbeansprucht, womit die Hypothese von Navier-Bernoulli (Ebenbleiben des Querschnitts) nicht mehr erfüllt ist. Zur Quantifizierung der Beanspruchung werden die Lamellenkräfte ($\sigma_{E,i} \cdot A_i$) am Endelement (Abb. 4.9) angesetzt. Die Grösse des Endelementes wird nach den im Stahlbetonbau üblichen Modellen für Scheiben gewählt.

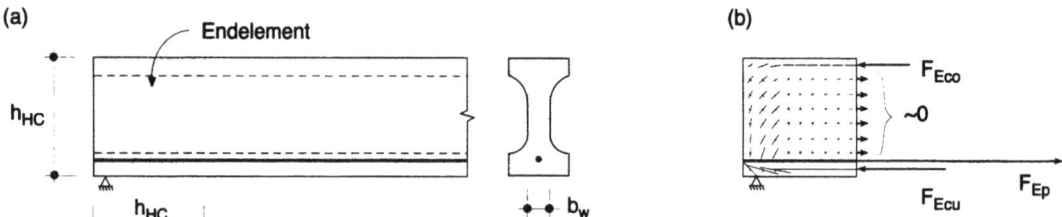

Abb. 4.9   Schubbeanspruchung im Endelement infolge Eigenspannungen: (a) schubbeanspruchtes Endelement und (b) Endelement mit den angreifenden Lamellenkräften und Spannungstrajektorien aus linearer FEM-Berechnung

Die Lamellenkräfte in der Zugzone sind vernachlässigbar klein, womit nur noch die Zugkraft in der Litze und die Lamellendruckkräfte im Ober- und Unterflansch am Ersatzquerschnitt berücksichtigt werden. Die Zugkraft in der Litze lässt sich aus (4.1) bis (4.6) berechnen. Aus Gleichgewichtsüberlegungen können nun die Druckkräfte im Ober- und Unterflansch berechnet werden.

Die Druckkräfte in den Flanschen und die Zugkraft in der Litze müssen im Endelement ein Gleichgewicht bilden. Wenn die Litze das Auflager für die Druckkräfte bildet und die Resultierenden bei Annahme eines plastischen Verbundes in der Endelementmitte auf Litzenhöhe auftreffen, so entstehen Umlenkkräfte, die als Querzugspannungen im Betonsteg aufgenommen werden müssen. Zur Quantifizierung dieser Querzugspannungen wurden ein Fachwerk- und ein Scheiben-Modell entwickelt, die nachstehend dargestellt sind.

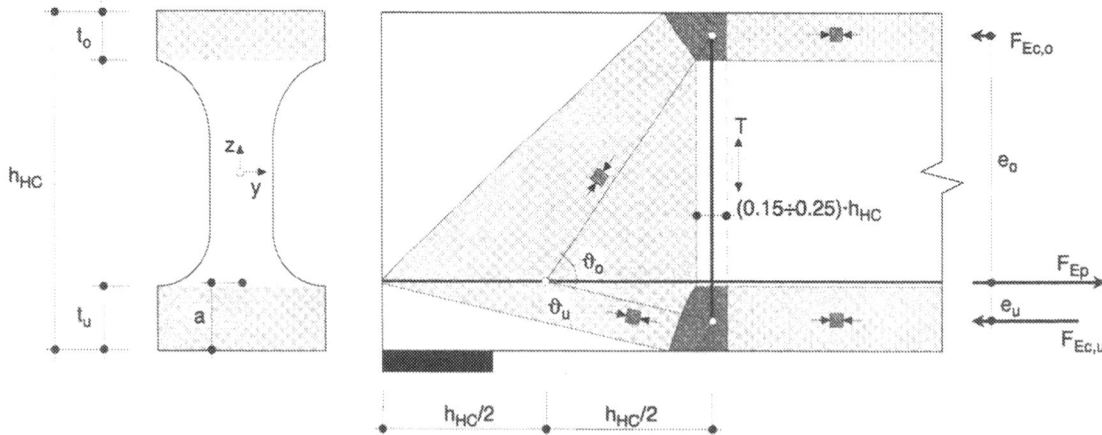

Abb. 4.10   Fachwerk-Modell zur Berechnung von Querzugspannungen im Bauteilendelement

In Abb. 4.10 wird der Ausgleich der Eigenspannungskräfte durch ein Fachwerk-Modell dargestellt. Die beiden Druckkräfte $F_{Ec,o}$ und $F_{Ec,u}$ breiten sich als Fächer zur Litze hin aus, wo ihre Resultierenden zusammen mit der Litzenzugkraft ein Knotengleichgewicht bilden. Die Umlenkkraft T bildet ebenfalls ein Knotengleichgewicht mit den Fächerresultierenden und den Druckkräften $F_{Ec,o}$ und $F_{Ec,u}$. Für die in Abb. 4.10 abgebildeten Abmessungen können die Ausbreitungswinkel der Fächerresultierenden nach (4.8) bestimmt werden. Aus den Gleichgewichtsbedingungen an den Knoten ergibt sich die Umlenkkraft T aus (4.9). Die Querzugspannungen werden nach (4.10) berechnet, wobei sich der Querschnitt aus der Dicke des Steges b_w und einer Breite von $(0.15+0.25) \cdot h_{HC}$ zusammensetzt. Die Breite wurde in Analogie zum Scheiben-Modell angesetzt.

$$\tan\vartheta_o = \frac{e_o}{0.5 \cdot h_{HC}} \qquad \tan\vartheta_u = \frac{e_u}{0.5 \cdot h_{HC}} \qquad (4.8)$$

$$T(t) = \frac{F_{Ep}(t)}{\cot\vartheta_o + \cot\vartheta_u} \qquad (4.9)$$

$$\sigma_{E,z}(t) = \frac{T(t)}{b_w \cdot (0.15+0.25) \cdot h_{HC}} \qquad (4.10)$$

F_{Ep}: Zugkraft in der Litze infolge Eigenspannungen
T: Umlenkkraft im FW, welche Querzugspannungen im Steg verursacht
b_w: Stegbreite
$e_{o,u}$: Distanz der Druckkräfte in den Flanschen zur Litze
h_{HC}: Höhe der Betonhohlplatte
$\sigma_{E,z}$: Querzugspannungen aus der Umlenkkraft
$\vartheta_{o,u}$: Winkel der Fächerresultierenden zur Horizontalachse

Die Querzugspannungen können auch durch eine Spannungsberechnung ähnlich der an einer Stahlbetonscheibe [Bachmann (1991)] genähert werden. Dabei werden die Litzenzugkaft durch ein Auflager ersetzt und die Druckkräfte wieder so gewählt, dass Gleichgewicht herrscht. Daraus kann das Beanspruchungsmoment M_{Ep} des Endelementes (4.11) berechnet werden. Die Höhe und Breite des Endelementes werden zu h_{HC} angenommen.

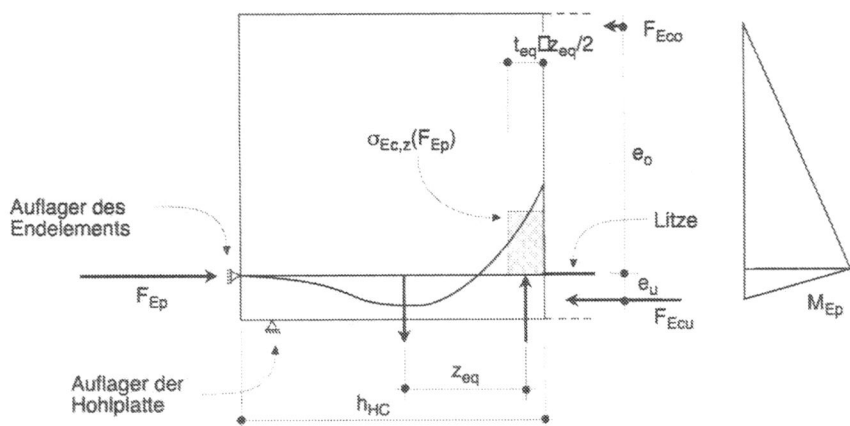

Abb. 4.11   Scheiben-Modell zur Berechnung von Querzugspannungen im Bauteilendelement

Am Endelement lassen sich die Querzugspannungen aus den inneren Hebelkräften berechnen. Dazu wird als innerer Hebelarm ca. die halbe Höhe des Endelementes eingesetzt [Bachmann (1989)] und für die Zugzonenhöhe ca. die Hälfte des inneren Hebelarmes. Die Querzugspannungen ergeben sich nach (4.12).

$$M_{Ep}(t) = \frac{F_{Ep}(t) \cdot e_o \cdot e_u}{e_o + e_u} \qquad (4.11)$$

$$\sigma_{E,z}(t) = \frac{M_{Ep}(t)}{z_{eq} \cdot b_w \cdot t_{eq}} \cdot \frac{0.5 \cdot (h_{HC} - t_o)}{e_o} \quad (4.12)$$

F_{Ep}: Zugkraft in der Litze infolge Eigenspannungen
M_{Ep}: Biegemoment im Endelement infolge der Flanschdruckkräfte
b_w: Stegbreite
$e_{o,u}$: Distanz der Druckkräfte in den Flanschen zur Litze
h_{HC}: Höhe der Hohlplatte
t_{eq}: =(0.4÷0.6)·z_{eq}, Breite der Zugzone
z_{eq}: =(0.4÷0.6)·h_{HC}, innerer Hebelarm
$\sigma_{E,z}$: Querzugspannungen

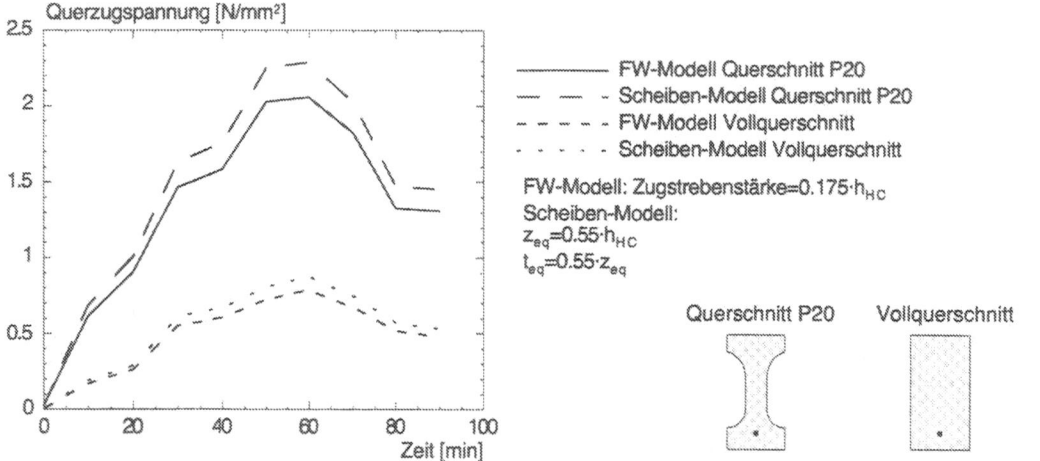

Abb. 4.12 Entwicklung der Querzugspannungen berechnet mit dem Fachwerk- und Scheiben-Modell infolge ISO-Normbrand für eine Hohlplatte P20 ohne Vorspannung und äussere Belastung

Die Querzugspannungen (Abb. 4.12) und die Eigenspannungen in der Litze für die Hohlplatten P20 zeigen bei 40 bis 60 Minuten ISO-Normbrand ein Maximum. Die Querzugspannungen für einen gleich hohen Vollquerschnitt und gleiche Kennwerte betragen weniger als die Hälfte derjenigen der Hohlplatte mit geringer Stegdicke. Dieser Vergleich zeigt, dass die thermischen Eigenspannungen infolge ISO-Normbrand bei einer einfach gelagerten Vollplatte einen viel geringeren Einfluss haben als bei einer Hohlplatte.

4.2.2 Äussere thermische Zwangspannungen

Eine Dehnbehinderung einzelner Lamellen am Auflager erzeugt Zwangsschnittkräfte. Im Falle einer vollständigen Dehnbehinderung, d.h. dass sich die resultierende Dehnungsebene aus $\varepsilon_o=0$ und $\chi=0$ ergibt, und nichtlinearer Temperaturverteilung über den Querschnitt treten nur Druckspannungen in den Lamellen auf. Die Schubbeanspruchung zwischen den Lamellen im Endelement der Hohlplatte fällt weg, da jede Lamelle am Rand vollständig gezwängt wird und mit dieser Zwangskraft ein Gleichgewicht bildet. Die spannungserzeugenden Dehnungen sind nach (4.13) umgekehrt gleich den thermischen Dehnungen.

$$\varepsilon_{E,i}(t) = -\varepsilon_{th,i}(t) \quad (4.13)$$

$\varepsilon_{E,i}$: spannungserzeugende Dehnungen

Abb. 4.13 zeigt die Entwicklung von Zwangsspannungen und -schnittkräfte einer voll dehnbehinderten Hohlplatte P20. Es zeigt sich, dass die Druckspannungen in der untersten Lamelle bei höheren Temperaturen nach kurzer Zeit abnimmt, während sie in weiter oben liegenden Lamellen zum betrachteten Zeitpunkt noch zunehmen. Die Zwangsnormalkraft steigt während rund 80 Minuten ISO-Normbrand an. Das Zwangsmoment hingegen beginnt bereits nach 50 Minuten abzunehmen, da auch die Exzentrizität der resultierenden Zwangsnormalkraft infolge des abklingenden Temperaturgradienten abnimmt.

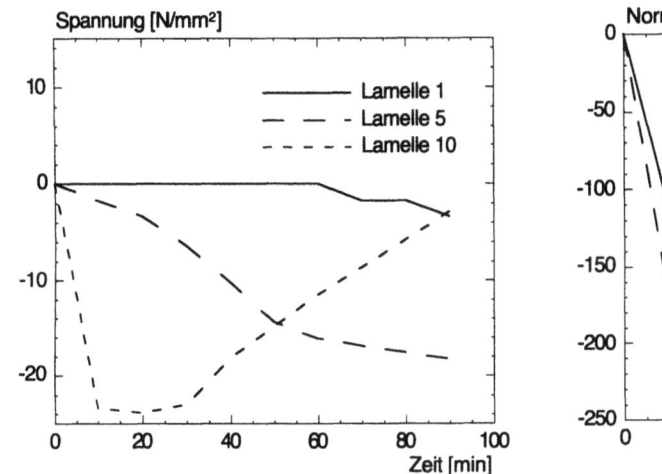 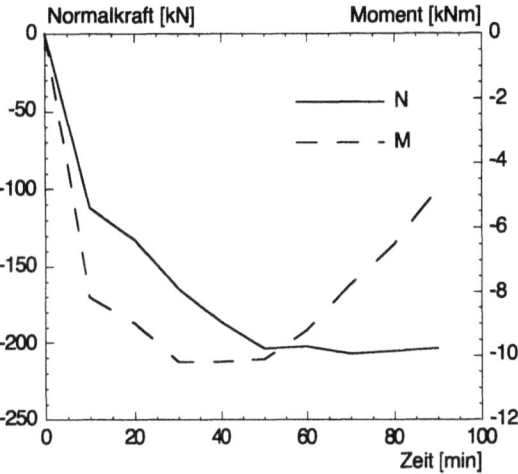

Abb. 4.13   Zwangsspannungen bei voller Dehnbehinderung aller Lamellen und entsprechende Zwangsbeanspruchung infolge ISO-Normbrand der Hohlplatte P20 ohne Vorspannung und äusserer Belastung

Durch die Zwangsbeanspruchung der Betonhohlplatte kann sich die Feuerwiderstandsdauer gegenüber dem ungezwängten Bauteil stark erhöhen. Dies zeigen u.a. Versuche von Spancrete (1958 und 1961), wo bei belasteten und gezwängten Betonhohlplatten nach 120 Minuten ISO-Normbrand noch kein Bruch eintrat, während belastete und ungezwängte Hohlplatten schon nach 30 Minuten versagten. Die darauffolgenden Resttraglastversuche an den im Brandversuch gezwängten Hohlplatten zeigten bei doppelter Nutzlast noch keinen Plattenbruch. Diese Versuche belegen, dass dehnbehinderte Bauteile infolge nichtlinearer Temperaturverteilung über den Querschnitt geringer beansprucht werden als nicht dehnbehinderte. Bei voller Dehnbehinderung werden sie überhaupt nicht auf Schub beansprucht.

Wiese (1987) hat anhand von Stahlbetonplattenversuchen ebenfalls gezeigt, dass eine mässige Dehnungsbehinderung das Verformungsverhalten positiv beeinflusst und die Tragfähigkeitsdauer erhöht. Dabei ist wichtig, dass der freien Verformbarkeit ein Widerstand entgegengesetzt wird. Vollständige Dehnbehinderung kann aber zu Betondruckversagen im Krafteinleitungsbereich führen, wobei hohe Lasten die Beanspruchung durch Kriechen teilweise abbauen können. Sind grosse Durchbiegungen vorhanden, so kann die Zwangsnormalkraft ein Stabilitätsversagen verursachen.

4.2.3   Innere thermische Zwangsspannungen

Oberhalb von rund 300°C dehnt sich Beton stärker aus als Spannstahl. Der Spannstahl behindert den Beton am Ausdehnen, und es entstehen sog. innere thermische Zwangsspannungen und zusätzliche Verbundspannungen zwischen Spannstahl und Beton (Abb. 4.14). Die Verbundspannungen werden umso grösser, je höher die Expansionsneigung des Betons ist. Sie entstehen am Ende des Bauteiles und beanspruchen somit den Verbund in der Verankerungszone.

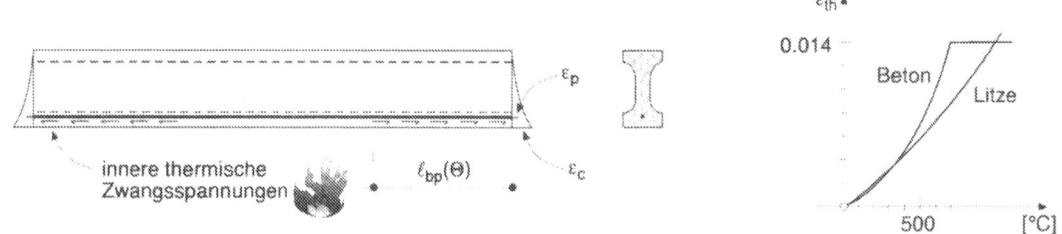

Abb. 4.14   Zusätzliche Verbundspannung in der Verankerungszone infolge der unterschiedlichen Dehnung von Stahl und Beton

Da die Dehnungsunterschiede in der für den Schubzugbruch kritischen Anfangsphase des Brandes mit grossem Temperaturgradienten und geringen Litzentemperaturen (Θ_p<400°C) jedoch klein sind, werden die inneren thermischen Zwangsspannungen im folgenden in erster Näherung in der Modellbildung zum Tragverhalten vernachlässigt (Kap. 4.3).

4.2.4   Einfluss der Vorspannung

Über die Relaxation von Spannstahl bei hohen Temperaturen sind nur geringe Kenntnisse vorhanden. Die Versuche von Rostásy und Sager (1982) an durch exzentrisch angeordnete Litzen vorgespannten, allseitig befeuerten Stäben zeigen jedoch, dass der Vorspannverlust aus Kriechen und Relaxation durch die Spannungssteigerung aus unterschiedlichen Dehnungen (vgl. Kap. 2.5.2) zwischen Beton und Stahl in etwa ausgeglichen wird. Hingegen nehmen der Schlupf und die Übertragungslänge zu. Die Übertragungslänge ist in diesen Versuchen für eine Litzentemperatur von 465°C auf das 4.6fache des Wertes bei Raumtemperatur angestiegen. Oberhalb dieser Temperatur hat sich die Vorspannung bis zu einer Litzentemperatur von 630°C abgebaut.

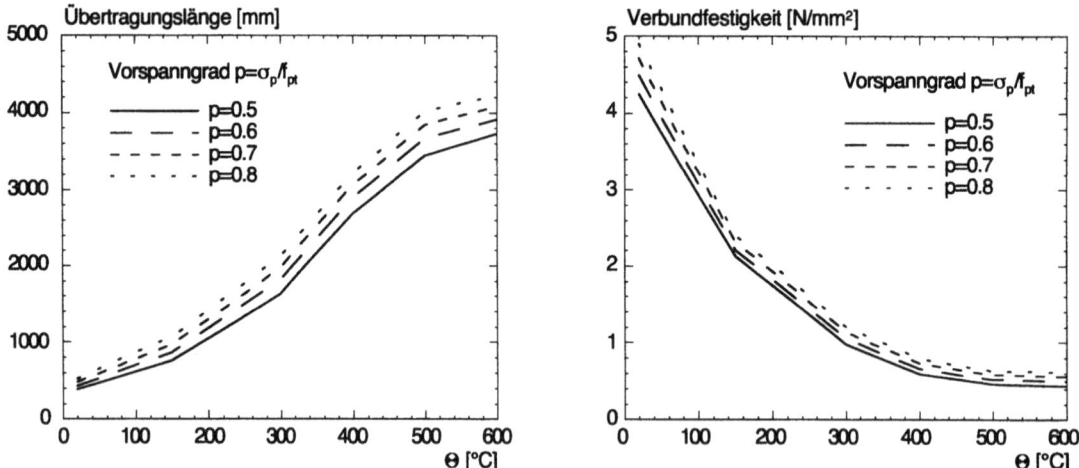

Abb. 4.15   Aus den instationären Verbundgesetzen berechnete Übertragungslänge und daraus abgeleitete mittlere Verbundfestigkeit für verschiedene Vorspanngrade für die Hohlplatte P20

$$f_{bp}(\Theta) = \frac{V_p}{u_b \cdot \ell_{bpt}(\Theta)} \tag{4.14}$$

V_p: Vorspannkraft der Litze

$f_{bp}(\Theta)$:   mittlere Verbundfestigkeit zur Aktivierung der Vorspannung über die Übertragungslänge

$\ell_{bpt}(\Theta)$: temperaturabhängige Übertragungslänge
u_b: wirksamer Umfang der Litze

Aus den instationären Verbundgesetzen können die Übertragungslängen nach dem Verfahren in Kap. 3.1.2 für verschiedene Vorspanngrade berechnet werden. Abb. 4.15 zeigt, dass für die Hohlplatten P20 die Übertragungslängen mit zunehmendem Vorspanngrad ansteigen. Die für die einzuleitende Vorspannung notwendige mittlere Verbundfestigkeit bleibt nicht etwa konstant, sondern sie nimmt mit zunehmendem Vorspanngrad (infolge nichtlinearem Verbundgesetz) auch zu.

Da mit zunehmendem Vorspanngrad Verbundversagen bei tieferen Temperaturen eintritt [Rostásy und Sager (1985)], müsste für höhere Vorspanngrade auch die Versagenstemperatur der Hohlplatte abnehmen. Für die Kennwerte der Hohlplatten P20 unterscheiden sich die mittleren Verbundfestigkeiten für verschiedene Vorspanngrade nur wenig, womit die Höhe des Vorspanngrades für die weiteren Berechnungen in erster Näherung vernachlässigt werden. Entsprechende Brandversuche für Hohlplatten sind nicht bekannt.

Eigenspannungen mit Vorspannung

Bei der Berechnung der resultierenden Dehnungsebene wird die Vorspannung durch eine Vordehnung der Litze ε_{p0} berücksichtigt. Damit ändert sich (4.2) zu (4.15/6).

$$\varepsilon_{res,i}(t) = \varepsilon_o(t) + \chi(t) \cdot z_i = \varepsilon_{thc,i}(t) + \varepsilon_{Ec,i}(t) \qquad \text{für Beton} \qquad (4.15)$$

$$\varepsilon_{res,i}(t) = \varepsilon_o(t) + \chi(t) \cdot z_p + \varepsilon_{p0} = \varepsilon_{thp}(t) + \varepsilon_{Ep}(t) \qquad \text{für Litze} \qquad (4.16)$$

ε_{p0}: Dehnung für die Vorspannung der Litze

Die Litzenspannung bleibt ohne Vorspannung auch noch nach 90 Minuten ISO-Normbrand deutlich tiefer als mit Vorspannung, d.h. die Vorspannung ist z.T. noch vorhanden (Abb. 4.16).

4.2.5 Einfluss von äusseren Lasten

Die resultierende Dehnungsebene ergibt sich aus dem Gleichgewicht der inneren Kräfte mit den Schnittkräften nach (4.17).

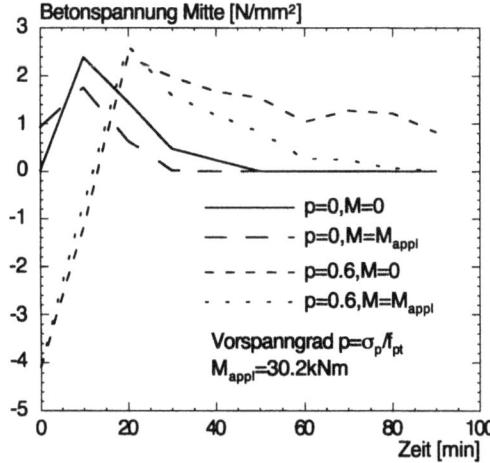
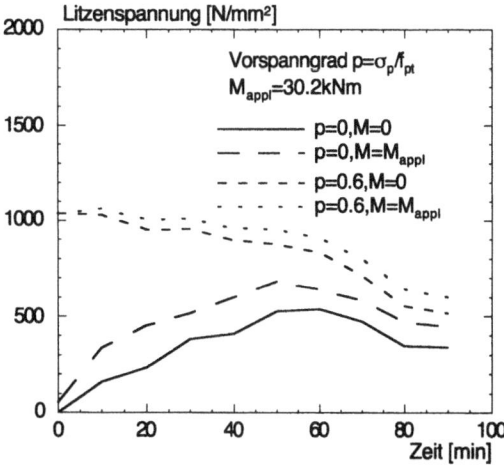

Abb. 4.16 Spannungsentwicklung infolge ISO-Normbrand in Stegmitte und in der Litze der Hohlplatte P20 mit/ohne Vorspannung und mit/ohne Momentenbeanspruchung (Kennwerte des Brandversuchs B3-1)

$$N_\Theta(t) = N \qquad\qquad M_\Theta(t) = M \qquad\qquad (4.17)$$

M, N: äussere Schnittkräfte
M_Θ, N_Θ: innere Schnittkräfte

In Abb. 4.16 ist die Spannungsentwicklung der Lamelle in Stegmitte und der Litze dargestellt. Der Berechnung liegt eine Hohlplatte P20 mit M=0 bzw. M=M_{appl}, N=0 und σ_p=0 bzw. σ_p=0.6·f_{pt} zugrunde. Während die Zugspannungen in Stegmitte der Hohlplatte mit Vorspannung verzögert auf den absteigenden Ast des σ-ε-Diagrammes kommen, sind diejenigen der Hohlplatte ohne Vorspannung schon bei geringer Temperatur-Belastung auf dem absteigenden Ast. Die Litzenspannung ist hauptsächlich von der Vorspannung abhängig.

4.2.6 Mittlere Verbundfestigkeit bei erhöhten Temperaturen

Aus den in Abb. 4.15 berechneten Übertragungslängen und mittleren Verbundfestigkeiten lassen sich mit dem temperaturabhängigen Vergrösserungsfaktor k_{bpt} nach (4.18/19) die bezogenen Übertragungslängen und Reduktionsfaktoren der Verbundfestigkeiten berechnen. In Abb. 4.17 sind diese Faktoren dargestellt, berechnet für die Hohlplattentypen P20, für das stationäre und instationäre Verbundgesetz und aus den Messresultaten der Versuche von Rostásy und Sager (1982 und 1985). Die Versuche von Rostásy und Sager (1982) wurden instationär durchgeführt, bei denjenigen von 1985 handelt es sich um stationäre Ausziehversuche.

$$k_{bpt}(\Theta) = \frac{\ell_{bpt}(\Theta)}{\ell_{bpt}(20°C)} \qquad\qquad \ell_{bp}(\Theta) = \frac{f_{py}(\Theta)}{\sigma_p(20°C)} \cdot \ell_{bpt}(20°C) \qquad (4.18)$$

$$\frac{f_{bp}(\Theta)}{f_{bp}(20°C)} = \frac{1}{k_{bpt}(\Theta)} \qquad\qquad (4.19)$$

$f_{bp}(\Theta)$: mittlere Verbundfestigkeit zur Aktivierung der Vorspannung über die Übertragungslänge
$f_{py}(\Theta)$: temperaturabhängige Fliessgrenze der Litze
$k_{bpt}(\Theta)$: temperaturabhängiger Vergrösserungsfaktor der Übertragungslänge
$\ell_{bp}(\Theta)$: temperaturabhängige Verankerungslänge
$\ell_{bpt}(\Theta)$: temperaturabhängige Übertragungslänge
σ_p: Vorspannung in der Litze

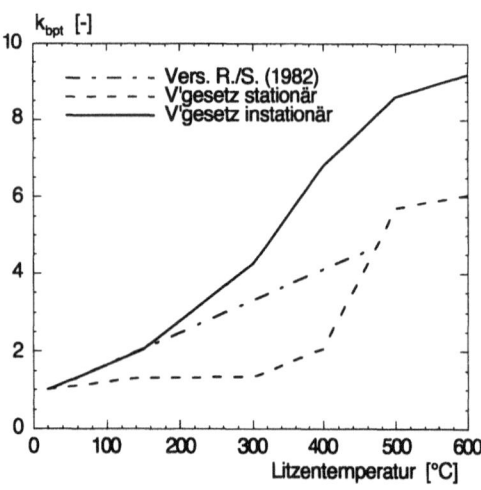
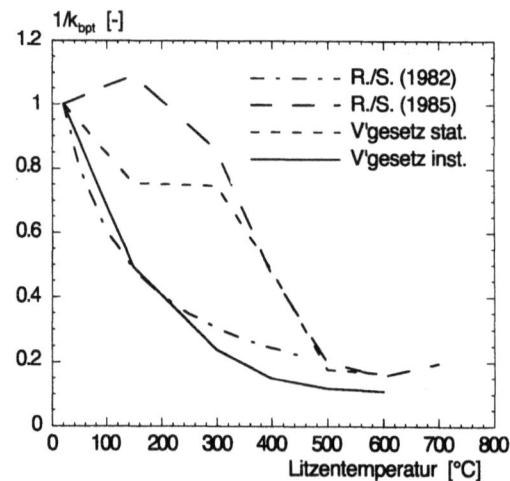

Abb. 4.17 Berechnete relative Übertragungslänge und Verbundfestigkeit für die Hohlplatte P20 bei hohen Temperaturen verglichen mit Versuchswerten von Rostásy/Sager

Grössere Unterschiede ergeben sich zwischen den berechneten relativen Verbundfestigkeiten und den aus Versuchen ermittelten Werten in den tiefen Temperaturbereichen für stationäre Versuchsbedingungen. Die Berechnungen zeigen einen starken Abfall der Verbundfestigkeit schon bei geringen Temperaturen und stimmen ab ca. 350°C mit den Ergebnissen der Ausziehversuche überein. Sie liegen unter den Versuchswerten sowohl für die instationären wie auch für die stationären Verbundgesetze. Für die im Vergleich zu realen Brandbeanspruchungen relevanten instationären Versuchsbedingungen ergibt sich eine gute Übereinstimmung zwischen Versuch und Berechnung.

4.2.7 Vereinfachte Spannungs-Dehnungs-Verteilung bei Rissebildung

In Kap. 4.2.1 sind die Entstehung und die Auswirkungen von thermischen Eigenspannungen beschrieben. Nachfolgend wird ein vereinfachtes Ersatzkraftverfahren zur Beschreibung der zusätzlichen Verankerungskraft und des Querzuges im Endelement beschrieben. Durch die Eigenspannungen kann der Beton im Steg reissen. Aus Gleichgewicht muss der vor der Rissebildung im Steg vorhandene Zug durch die Litze aufgenommen werden. Die Litzenkraft bildet ein Gleichgewicht mit den durch Eigenspannung verursachten Druckkräften im Ober- und Unterflansch (Abb. 4.18). Dabei wird angenommen, dass sich der Riss bis zum Ober- und Unterflansch ausbreitet. Durch das im folgenden beschriebene Ersatzkraftverfahren können diese Kräfte leicht ermittelt werden. Zunächst wird zu einer hypothetischen Zwangskraft bei voller Dehnbehinderung eine Gleichgewichtskraft berechnet.

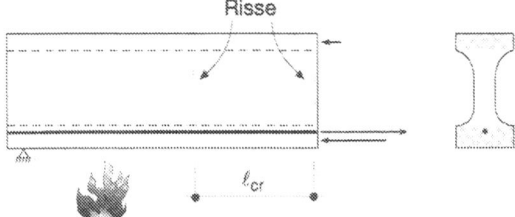

Abb. 4.18 Reduktion des Eigenspannungszustandes auf drei spannungserzeugende Kräfte: Druckkräfte in Ober- und Unterflansch und Zugkraft in der Litze

Die hypothetische Zwangskraft $N_{restr}(t)$ ergibt sich aus der Summe der Zwangskräfte der einzelnen Lamellen nach (4.20). Im Unterschied zur Iterationsmethode wird mit einem linearen Materialgesetz (Sekantenmodul) gerechnet. Die Exzentrizität $e_{restr}(t)$ kann nach (4.21) ermittelt werden. Da der Querschnitt im Stegbereich gerissen ist, wird die hypothetische Zwangskraft auf zwei in der Mitte des Ober- und Unterflansches angreifende Druckkräfte (4.22) aufgeteilt (Abb. 4.19).

$$N_{restr}(t) = \sum_{i=1}^{k} (\varepsilon_{th,i}(t) \cdot E_i(t) \cdot A_i) \tag{4.20}$$

$$e_{restr}(t) = z_s - \frac{\sum_{i=1}^{k} (z_i \cdot N_i(t))}{N_{restr}(t)} \quad \text{mit } N_i(t) = \varepsilon_{th,i}(t) \cdot E_i(t) \cdot A_i \tag{4.21}$$

$$N_{restr,u}(t) = N_{restr}(t) \cdot \frac{e_{restr}(t) + z_o}{z_o + z_u} \quad N_{restr,o}(t) = N_{restr}(t) - N_{restr,u}(t) \tag{4.22}$$

E_i: temperaturabhängiger E-Modul nach ENV 1992-1-2

N_{restr}: hypothetische Zwangskraft
e_{restr}: Abstand der hypothetischen Zwangskraft von der Schwerlinie
z_s: Schwerlinienabstand vom oberen Rand

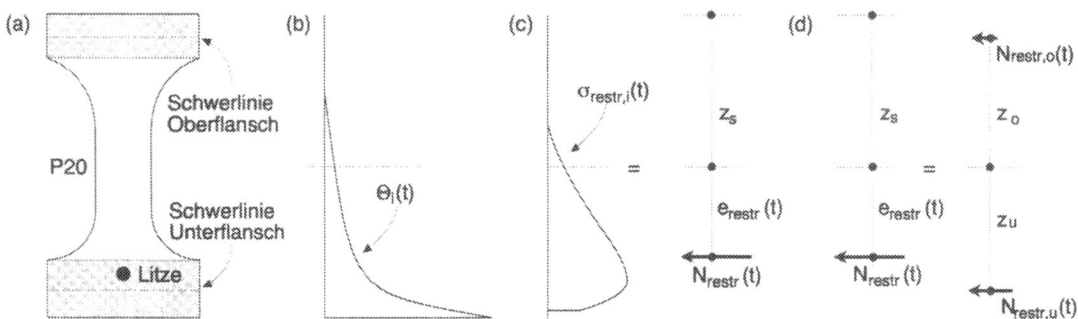

Abb. 4.19   Hypothetische Zwangskraft: (a) Einteilung des Querschnittes, (b) Temperaturverteilung, (c) Zwangsspannungen und (d) Ersatzkräfte der hypothetischen Zwangskraft im Ober- und Unterflansch

Zur Gleichgewichtsbildung der inneren Schnittkräfte lässt man nun eine Gleichgewichtskraft N_{eq} (4.23) auf den Querschnitt angreifen. Die exzentrische Gleichgewichtskraft wird aufgeteilt in eine Normalkraft N_{eq} und ein Moment M_{eq}, die vereinfachend in der geometrischen Schwerlinie angreifen (Abb. 4.20). Diese Beanspruchung kann wiederum aufgegliedert werden in Kräfte im Ober- und Unterflansch und in der Litze (4.24/25).

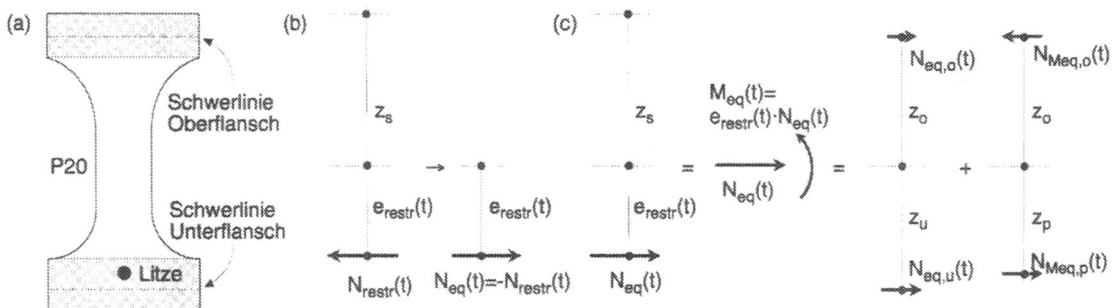

Abb. 4.20   Gleichgewichtskraft: (a) Einteilung des Querschnittes, (b) Gleichgewichtsbildung zur hypothetischen Zwangkraft, und (c) Ersatzkräfte der Gleichgewichtskraft im Ober- und Unterflansch und in der Litze

$$N_{eq}(t) = -N_{restr}(t) \tag{4.23}$$

$$N_{eq,o}(t) = N_{eq}(t) \cdot \frac{z_u}{z_o + z_u} \qquad N_{eq,u}(t) = N_{eq}(t) - N_{eq,o}(t) \tag{4.24}$$

$$N_{Meq,p}(t) = \frac{-e_{restr}(t) \cdot N_{eq}(t)}{z_o + z_p} \qquad N_{Meq,o}(t) = -N_{Meq,p}(t) \tag{4.25}$$

N_{eq}:   Gleichgewichtskraft
N_{Meq}:   Gleichgewichtskraft, die aus der Exzentrizität entsteht
z_p: Schwerlinienabstand der Litze

Lässt man die hypothetische Zwangskraft und die Gleichgewichtskraft auf den gerissenen Querschnitt angreifen (Abb. 4.21), können nach (4.26/27/28) die eigenspannungserzeugenden

Ersatzkräfte im Ober-, Unterflansch und in der Litze berechnet werden. Die Eigenspannungen in der Litze ergeben sich nach (4.29).

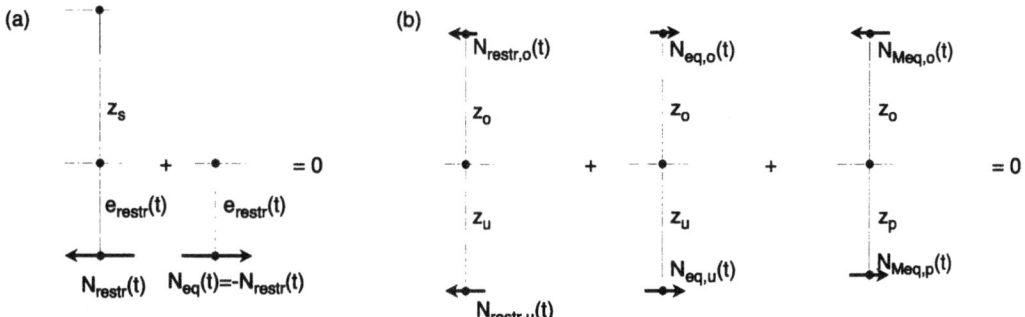

Abb. 4.21 (a) Superposition von hypothetischer Zwangskraft und Gleichgewichtskraft und
(b) Superposition der eigenspannungserzeugenden Ersatzkräfte

$$N_{E,o}(t) = N_{restr,o}(t) + N_{eq,o}(t) + N_{Meq,o}(t) \tag{4.26}$$

$$N_{E,u}(t) = N_{restr,u}(t) + N_{eq,u}(t) \tag{4.27}$$

$$N_{E,p}(t) = N_{Meq,p}(t) \tag{4.28}$$

$$\sigma_{Ep}(t) = \frac{N_{Meq,p}(t)}{A_p} \tag{4.29}$$

N_E: eigenspannungserzeugende Ersatzkräfte
σ_{Ep}: Eigenspannung in der Litze

Zur Überprüfung der Genauigkeit des Ersatzkraftverfahrens wurden die thermischen Eigenspannungen in der Litze mit denjenigen der Iterationsmethode (Lamellenmethode) verglichen (Abb. 4.22). Das Ersatzkraftverfahren ergibt einen stärkeren Anstieg der Eigenspannungen. Für Beton wurde mit einem linearen Materialgesetz gerechnet. Der mitwirkende Beton auf Zug (Steg) und die sich durch die Materialerwärmung verändernden Schwerachsen wurden vernachlässigt. Somit beginnt der abfallende Ast der Litzenspannung erst nach 80 Minuten ISO-Normbrand, weil ja auch das Exzentrizitätsmoment gegenüber der Iterationsmethode später abnimmt.

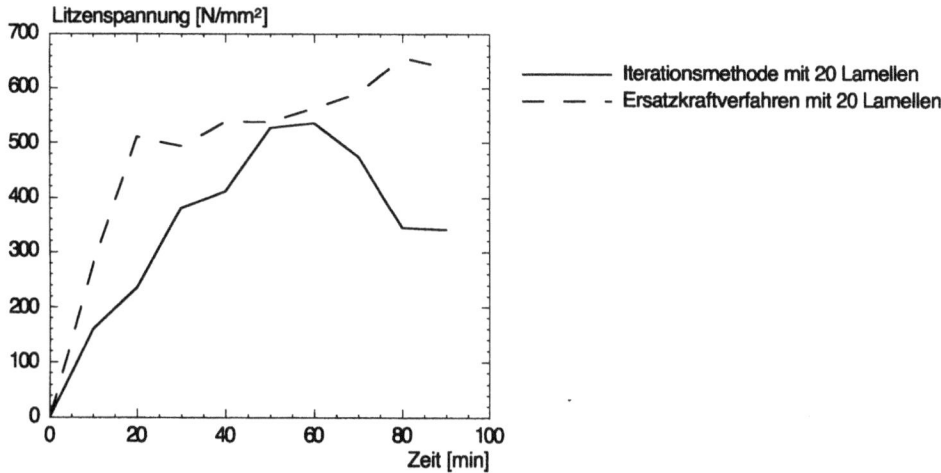

Abb. 4.22 Thermische Eigenspannungen der Litze einer Hohlplatte P20 ohne Vorspannung und äussere Belastung berechnet durch Iterations- und Ersatzkraftverfahren

Das Ersatzkraftverfahren ergibt eine brauchbare Näherung für die Eigenspannungen in der Litze. Beim Maximum aus der Iterationsmethode sind die Unterschiede kleiner als 5%. Da die Eigenspannungen aus dem Ersatzkraftverfahren durchwegs grösser sind, liegen sie auf der sicheren Seite. Daher kann es auch zur Abschätzung des Einflusses der thermischen Eigenspannungen auf die folgenden Brucharten auch angewendet werden.

4.3 Versagensarten und neue Tragmodelle bei starrer Auflagerung

4.3.1 Biegebruch

Allgemeines

Beim instationären Biegeversuch wird der Versuchskörper konstant durch äussere Belastung und ISO-Normbrand bis zum Bruch belastet. Im Unterschied zum Traglastversuch bei Raumtemperatur wird der Versuchskörper durch Eigenspannungen infolge der Erwärmung zusätzlich beansprucht, und die Festigkeit der Baustoffe und die Steifigkeit reduzieren sich.

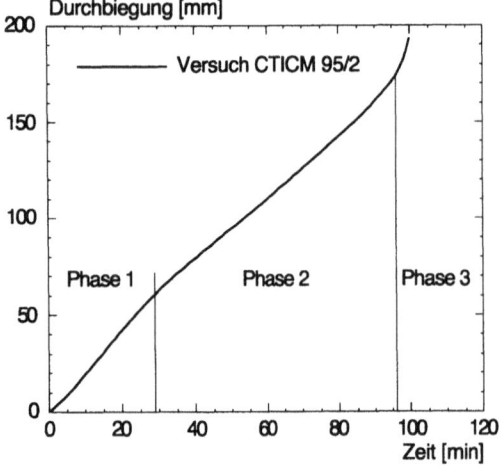

Phase 1: Rascher Durchbiegungsanstieg inf. thermischer Krümmung

Phase 2: Gleichmässiger Durchbiegungsanstieg inf. Abbau thermischer Krümmungen und inf. zusätzlicher Krümmung wegen Elastizitäts- und Festigkeitsbbau

Phase 3: Starke Zunahme der Durchbiegungen durch Fliessen der Bewehrung

Abb. 4.23   Durchbiegungsverlauf im Viertelspunkt der Betonhohlplatte beim Brandversuch CTICM 95/2

Der Verformungsvorgang bei einem Brandversuch lässt sich in drei Phasen einteilen und kann mit dem Zeit-Durchbiegungs-Diagramm des Versuchs CTICM 95/2 in Abb. 4.23 gut veranschaulicht werden. Zuerst wächst die Durchbiegung infolge thermischer Krümmung stark an. Dieser Vorgang hält so lange an, bis die Erwärmung der innenliegenden Betonbereiche zu einem Abbau des Temperaturgradienten und der thermischen Krümmung führt und gleichzeitig ein temperaturbedingter Elastizitäts- und Festigkeitsabbau stattfindet. Bei weiterer Erwärmung überwiegt dann der Einfluss der temperaturbedingten Reduktion der Steifigkeiten (Litze) gegenüber dem der thermischen Verkrümmung. In der Phase 3 übersteigen die Stahlspannung die temperaturabhängige Fliessgrenze und die Durchbiegungen nehmen rasch zu. In diesem Stadium werden i.d.R. die Brandversuche abgebrochen. Die Dauer der einzelnen Phasen ist abhängig vom Ausnutzungsgrad, von den Querschnittsabmessungen und vom Verlauf der Brandtemperatur.

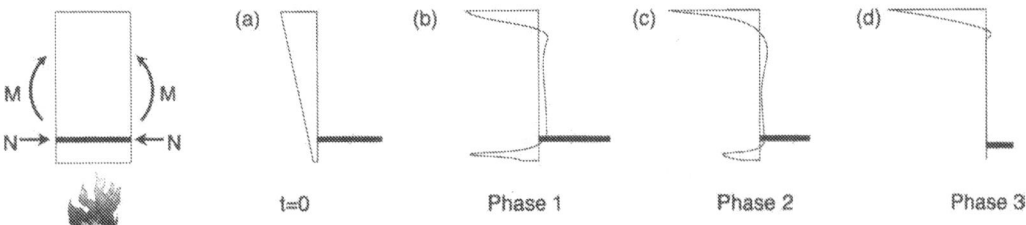

Abb. 4.24   Stadien der Biegebanspruchung: (a) Spannungen über den Querschnitt bei Versuchsbeginn und (b) bis (d) Spannungsverläufe in den einzelnen Biegestadien

Den einzelnen Phasen des Verformungsvorganges können entsprechende Biegestadien zugeordnet werden (Abb. 4.24). Zur Zeit t=0 wird die spannbettvorgespannte Betonhohlplatte nur durch die Vorspannung und ein konstantes äusseres Moment belastet. In der ersten Phase des Brandversuches entstehen Eigenspannungen, die Druck im oberen und unteren Bereich und Zug im Steg der Hohlplatte erzeugen und die Spannlitze zusätzlich auf Zug belasten. In der zweiten Phase lässt diese zusätzliche thermische Krümmung nach, wegen der Änderung der Materialeigenschaften nimmt die resultierende Krümmung jedoch weiter zu. Die dritte Phase beginnt mit dem Abbau der Druckspannungen im unteren Bereich des Querschnittes. Aufgrund der Versuchsresultate (Abb. 4.26) wird vermutet, dass durch die Bildung eines Biegerisses sich die Temperatur im Spannstahl schneller als im ungerissenen Zustand erhöht, wodurch die Dehnungen bis zum Erreichen des Bruchzustandes rasch ansteigen (entsprechende datailierte experimentelle Absicherung ist jedoch aus der Literatur nicht bekannt).

Biegewiderstand

Der Biegewiderstand im Bruchzustand kann nach plastischer Festigkeitslehre berechnet werden. Dabei gilt nach der Hypothese von Navier-Bernoulli das Ebenbleiben der Querschnitte. Die Festigkeiten für Beton und Stahl werden je nach Temperatur abgemindert. Der Beton wird auf Zug vernachlässigt.

Der Biegewiderstand ist dann erschöpft, wenn entweder der Beton in der Druckzone versagt oder die Zugfestigkeit des Stahles in der Zugzone erreicht ist. Dabei können vier verschiedene Brucharten unterschieden werden: Betonbruch vor Stahlfliessen, Betonbruch während Stahlfliessen, Stahlbruch vor Betonbruch und Stahlbruch bei Rissbildung. Bei der Bemessung wird das duktile Versagen Betonbruch während Stahlfliessen angestrebt, da dieses sich durch Risse ankündigt.

	ρ_{min}	ρ_{crit}		ρ_{grenz}
Stahlbruch bei Rissbildung	Stahlbruch vor Betonbruch	Betonbruch während Stahlfliessen		Betonbruch vor Stahlfliessen
spröd	duktil			spröd
unterbewehrt	unterbewehrt	normal bewehrt		überbewehrt
Abnahme des effektiven Bewehrungsgehaltes inf. erhöhten Temperaturen				

Abb. 4.25   Einteilung in verschiedene Biegebrucharten

Die Brucharten lassen sich mit Hilfe von charakteristischen Werten des Bewehrungsgehaltes und den dazugehörigen Dehnungsebenen abgrenzen. In Abb. 4.25 sind die Brucharten nach deren Eigenschaften unterteilt. Falls der effektive Bewehrungsgehalt $\rho(\Theta)=A_p \cdot f_{py}(\Theta)/(b_w \cdot d \cdot f_{py})$ unter dem minimalen Bewehrungsgehalt ρ_{min} liegt, so wird das spröde Verhalten dieser Bruchart durch die vorhandenen Eigenspannungen verschärft, da die Eigenspannungen nicht durch Stahlfliessen abgebaut werden können. Dies kann im instationären Brandversuch mit konstanter

Belastung nur dann auftreten, wenn eine sehr hohe Biegeausnutzung vorliegt. Ist der effektive Bewehrungsgehalt ρ zwischen dem minimalen Bewehrungsgehalt ρ_{min} und dem Grenzbewehrungsgehalt ρ_{grenz}, so bewirkt die Brandbeanspruchung des Versuches eine Verschiebung des effektiven Bewehrungsgehaltes in Richtung ρ_{min}.

Der plastische Biegewiderstand von Betonhohlplatten berechnet sich gemäss FIP (1988) nach (4.30). Für den Beton wird dabei ein starr-plastisches Materialverhalten eingesetzt. Zudem soll die Litze im Bruchzustand die Fliessgrenze erreichen, damit die duktile Bruchart Stahlfliessen während Betonbruch eintritt. Die Druckzone bleibt bis 120 Minuten ISO-Normbrand ausreichend kühl, sodass die Betonfestigkeit nicht abgemindert werden muss. Die Litzenfestigkeit wird entsprechend der Temperaturfeldberechnung reduziert.

$$M_{pl}(t) = d \cdot \left(1 - \frac{\omega(t)}{2}\right) \cdot A_p \cdot f_{py}(t) \quad \text{mit } \omega(t) = \frac{A_p \cdot f_{py}(t)}{b \cdot d \cdot f_c} \quad (4.30)$$

$\omega(t)$: Ideeller mechanischer Bewehrungsgehalt

Abb. 4.26 zeigt Resultate von Brandversuchen und dem Verlauf des Biegewiderstandes nach (4.30) bei ISO-Normbrand und den Materialgesetzen in [ENV 1992-1-2]. Der Biegewiderstand nimmt mit der Brandversuchsdauer bzw. mit zunehmender Litzentemperatur ab.

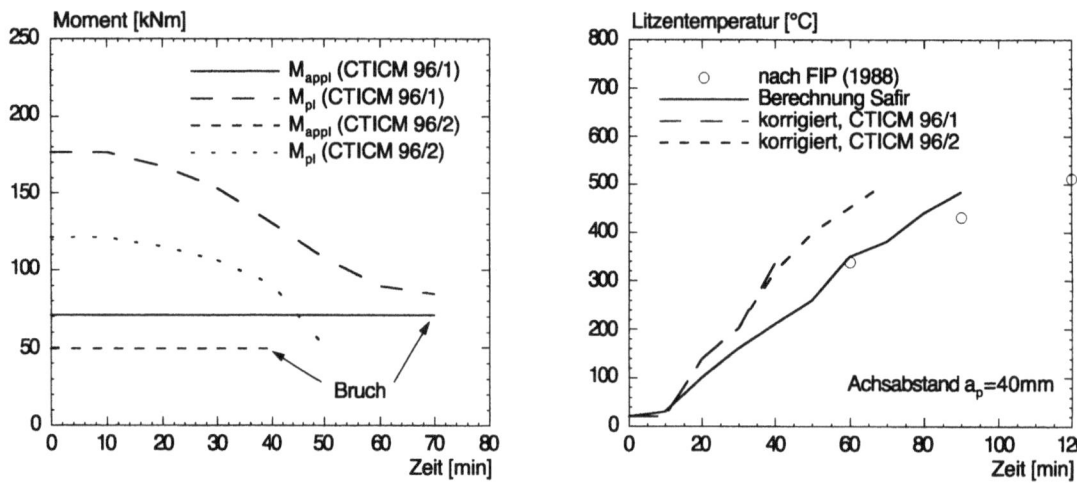

Abb. 4.26   Biegewiderstände der Brandversuche CTICM 96/1 und CTICM 96/2 für eine Litzenachsüberdeckung von $a_p=40$mm nach FIP (1988) bei ISO-Normbrand und entsprechende Litzentemperaturen

Abb. 4.26 zeigt den Biegewiderstand der Versuche CTICM 96/1 und 2. Die vorgegebene Litzenachsüberdeckung beträgt $a_p=40$mm. Die Berechnung ergibt zur Zeit des Biegebruches zu hohe Biegewiderstände bzw. die Litzentemperatur wurde entsprechend der Berechnung zu tief angesetzt. Es ist möglich, dass durch Rissebildung die Litzentemperatur höher als die vorgegebene bzw. berechnete ist (vorgegebene Temperaturen nach FIP und berechnete nach Safir zeigen eine gute Übereinstimmung). Daher wurden die berechneten Litzentemperaturen korrigiert und dafür die Biegewiderstände neu berechnet (Abb. 4.27).

Eine weitere Möglichkeit für die zu hohen Biegewiderstände kann die Streuung der Litzenachsüberdeckung sein. Die geprüften Hohlplatten hatte eine nominelle Litzenachsüberdeckung von $a_p=40$mm. Die [prEN 1168 (1996)] gibt zulässige Werte von ±10mm zur nominellen Überdeckung vor.

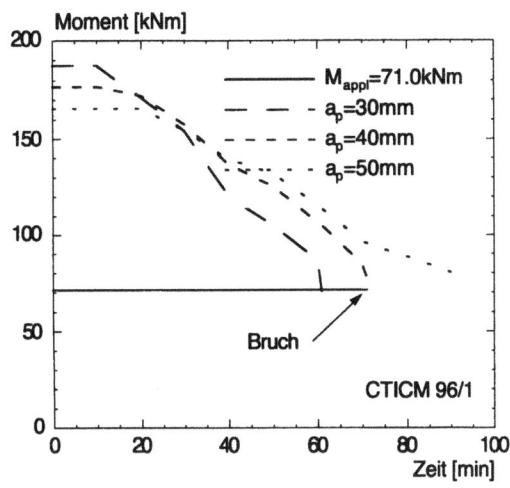 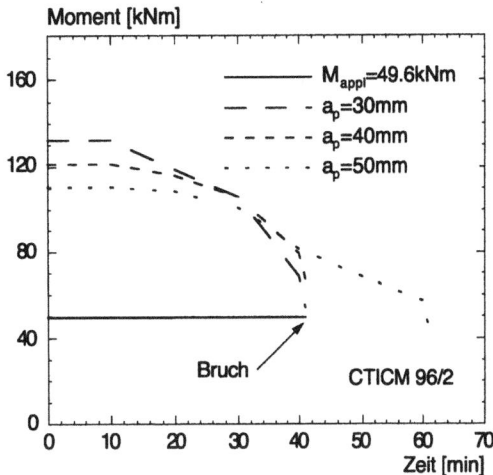

Abb. 4.27 Biegewiderstände nach FIP (1988) der Brandversuche CTICM 96/1 und CTICM 96/2 für verschiedene Litzenachsüberdeckungen und ISO-Normbrand

Abb. 4.27 zeigt die Biegewiderstände für die korrigierten Litzentemperaturen (Abb. 4.26) und die tolerierbaren Litzenachsüberdeckungen. Damit kann der Biegebruch des Versuches CTICM 96/1 gut genähert werden. Der Versuch CTICM 96/2 zeigt bessere Resultate als ohne Korrektur; die Unterschiede können durch übliche Streuungen (Festigkeit, Geometrie, ...) erklärt werden kann.

Durchbiegungen

Grundlage für die Berechnung der Durchbiegungen bilden die Krümmungen und Biegesteifigkeiten. Mit den nichtlinearen Materialgesetzen in [ENV 1992-1-2] und der in Kapitel 4.2 beschriebenen Methode zur Berechnung der Brandbeanspruchung können für jedes beliebige Temperaturfeld eines Querschnittes das Momenten-Krümmungs-Diagramm (Abb. 4.28) berechnet werden.

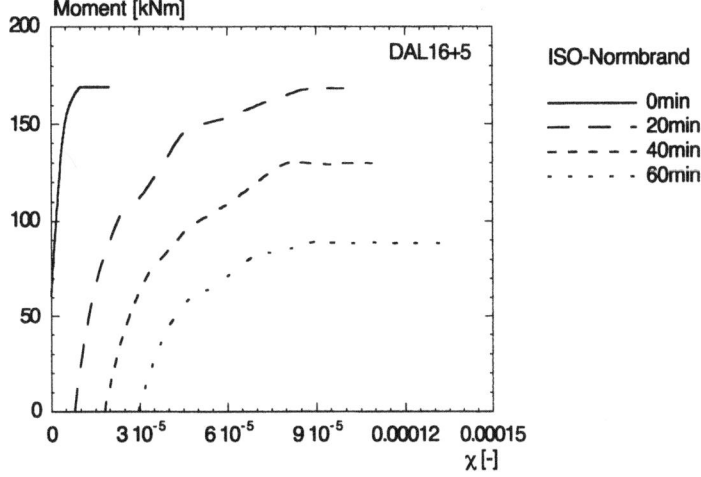

Abb. 4.28 Momenten-Krümmungs-Diagramme für eine Betonhohlplatte DAL16+5 nach 0, 20, 40 und 60 Minuten ISO-Normbrand

Da die Krümmung gleich dem Verhältnis von M zu EI ist (4.31), kann man mit dem M-χ-Diagramm und der Arbeitsgleichung (4.32) einfach die Durchbiegung berechnen.

Betonhohlplatten bei erhöhten Temperaturen

$$\frac{d\varphi}{dx} = \frac{M(x)}{EI(x)} \tag{4.31}$$

$$w = \int_0^\ell \overline{M}(x) \cdot \frac{M(x)}{EI(x)} \cdot dx \tag{4.32}$$

w: Durchbiegung
x: Ortsvariable in Trägerrichtung

Der Vergleich der gemessenen und gerechneten Werte im Zeit-Durchbiegungs-Diagramm ermöglicht, die der Berechnungen zugrunde gelegten Temperaturfelder im Querschnitt zu kontrollieren. Im Bruchzustand, d.h. bei Litzenplastifizierung, muss die Durchbiegung ebenfalls wie im Brandversuch stark ansteigen.

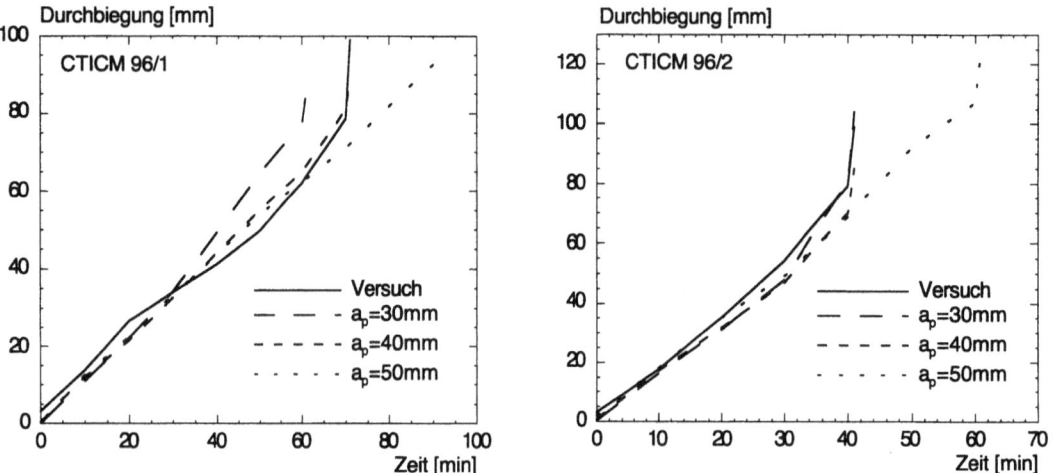

Abb. 4.29 Berechnete und effektive Durchbiegungsverläufe der Brandversuche (a) CTICM 96/1 und (b) CTICM 96/2

Abb. 4.29 zeigt die berechneten Durchbiegungen der Versuche CTICM 96/1 und 96/2 für die tolerierbaren Litzenachsüberdeckungen. Wie bei der Biegewiderstandsberechnung wird durch die korrigierten Temperaturen der Litzen eine gute Übereinstimmung der Versuchsresultate erreicht.

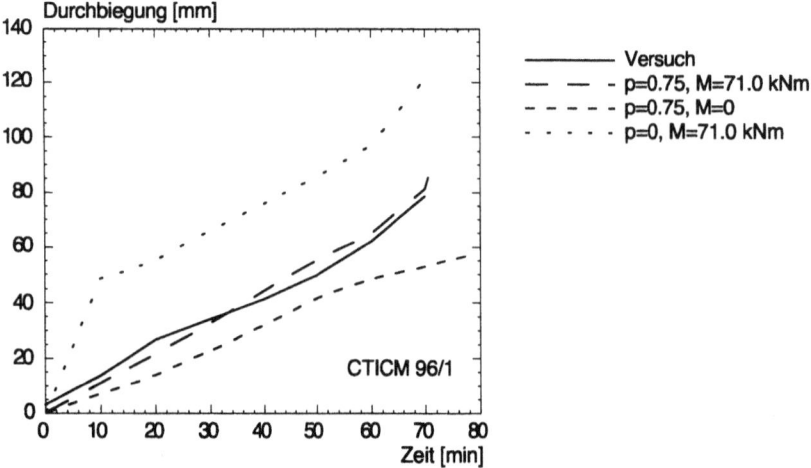

Abb. 4.30 Gemessene Durchbiegung des Versuchs CTICM 96/1 im Vergleich mit der berechneten Durchbiegung für den Versuchskörper mit und ohne Belastung und einen Versuchskörper mit Belastung, aber ohne Vorspannung

Abb. 4.30 zeigt einen Vergleich von berechneten Durchbiegungen für verschiedene Kennwerte des Versuches CTICM 96/1. Es ist ersichtlich, dass die Vorspannung sehr günstig auf den Verlauf der Durchbiegungen wirkt. Zu Beginn bei ISO-Normbrand steigt die Durchbiegung bei der nicht vorgespannten Hohlplatte stark an. Das kann damit erklärt werden, dass bei der vorgespannten Hohlplatte die Zugspannungen im Steg zu Beginn der Temperatureinwirkung überdrückt wird (vgl. Abb. 4.16), und die Hohlplatte damit steifer bleibt. Danach verlaufen die Durchbiegungsverläufe vorgespannt-nicht vorgespannt parallel, d.h. dass die Steifigkeitsverluste pro Zeiteinheit gleich gross sind. Wird die vorgespannte Hohlplatte nicht belastet, so bleiben die Durchbiegungen durchwegs tiefer als bei den belasteten. Sie steigen auch nicht so stark an, da kein äusseres Moment eine zusätzliche Querschnitts-Krümmung bewirkt. Die Vorspannung hat auf die rechnerische Traglast jedoch keinen Einfluss.

4.3.2 Verankerungsbruch

Der Verbund zwischen Litze und Beton wird durch die Einleitung der Vorspannkraft entlang der Übertragungslänge belastet. Es wird angenommen, dass der Verankerungsbruch eintritt, wenn die Verbundspannungen $\tau_{bp}(t)$ aus äusserer Last und aus Eigenspannungen am nicht vorgespannten Bauteil die für die Einleitung der Vorspannkraft notwendige mittlere Verbundfestigkeit $f_{bp}(t)$ überschreitet (Abb. 4.31).

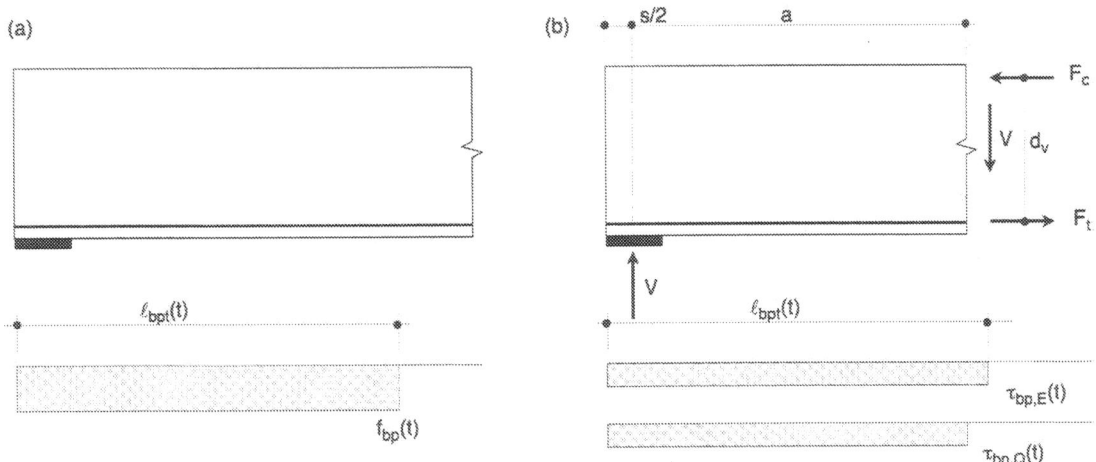

Abb. 4.31 (a) Mittlere Verbundfestigkeit zur Einleitung der Vorspannung und (b) Beanspruchung des Verbundes infolge Biegung und Schub und Eigenspannungen

Die Berechnung der Verbundbeanspruchung aus äusseren Schnittkräften erfolgt analog zur Beanspruchung bei Raumtemperatur. Die Beanspruchung aus thermischen Eigenspannungen kann nach der Iterationsmethode (Kap. 4.2.1) oder nach dem Ersatzkraftverfahren (Kap. 4.2.7) bestimmt werden. Zur Bestimmung der Verbundfestigkeit wird die Litzenkraft durch den wirksamen Umfang und die Übertragungslänge dividiert.

$$f_{bp}(t) = \frac{f_{bp}(20°C)}{k_{bpt}(t)} \tag{4.33}$$

$$\tau_{bp}(t) = \tau_{bp,E}(t) + \tau_{bp,Q}(t) = \frac{F_{Ep}(t)}{u_b \cdot \ell_{bpt}(t)} + \frac{\frac{M}{d_v(t)} + V}{u_b \cdot \left(a + \frac{s}{2}\right)} \tag{4.34}$$

$F_{Ep}(t)$: Zugkraft in der Litze infolge Eigenspannungen
$F_t(t)$: Zugkraft in der Litze
M: Biegemoment im betrachteten Schnitt
V: Querkraft im betrachteten Schnitt
a: Kraftabstand einer Einzelkraft von Auflagermitte
$d_v(t)$: $=d \cdot (1-0.5 \cdot \omega(t))$, innerer Hebelarm (4.30)
$f_{bp}(t)$: mittlere Verbundfestigkeit, die für die Einleitung der Vorspannkraft notwendig ist
s: Auflagerbreite
u_b: wirksamer Umfang
$\Theta_p(t)$: Temperatur der Litze
$\tau_{bp}(t)$: totale Litzenverbundspannung
$\tau_{bp,E}(t)$: Verbundspannung infolge Eigenspannungen
$\tau_{bp,Q}(t)$: Verbundspannung infolge Biegemoment M und Querkraft V

Die Modellberechnung zeigt eine gute Übereinstimmung mit dem Versagenswert des Versuchs B3-1 (Abb. 4.32). Der Verankerungswiderstand sinkt zu Beginn bei ISO-Normbrand sehr stark, ab ca. 45min nur noch schwach ab. Die Beanspruchung erreicht ein Maximum kurz nach Versuchsbeginn. Zu diesem Zeitpunkt haben die Eigenspannungen einen maximalen Einfluss auf den Verbund, da dieser noch unbeeinflusst von der Temperatur ist. Die äusseren Schnittkräfte bewirken hingegen konstante Verbundspannungen.

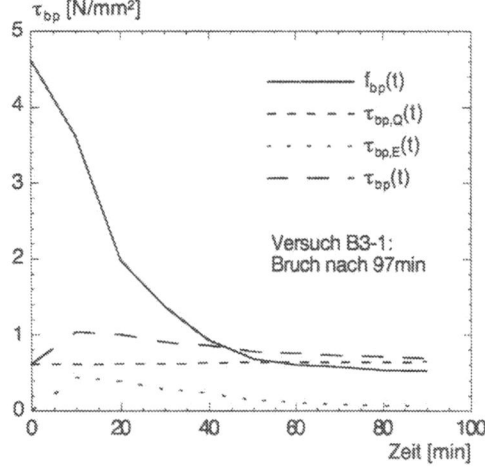 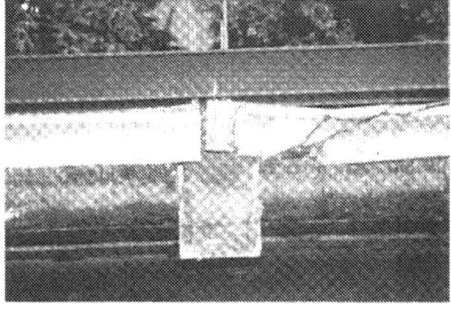

Abb. 4.32 Verlauf des Widerstands gegen Verbundbruch beim Brandversuch B3-1 und dessen Bruchbild

Abb. 4.32 zeigt das Bruchbild des Brandversuchs B3-1. Auf der rechten Hälfte ist der Verankerungsbruch der Hohlplatte P20 sichtbar. Links vom Auflager ist eine Hohlplatte P20, PL, die nach dieser Normbranddauer noch nicht versagt hat. Beide Hohlplattenarten waren in der Mitte auf einem starren Betonträger aufgelagert. Das gegenüber der Berechnung etwas günstigere Verhalten könnte auf den kühleren Auflagerbereich zurückzuführen sein.

4.3.3 Biegeschubbruch

Der Biegeschubbruch tritt durch einen Diagonalriss in die Druckzone auf (vgl. Kap. 3.2.4). Dabei bilden sich Betonzähne aus, die in der Druckzone eingespannt sind. Für baupraktische Schubschlankheiten ($\alpha > \alpha_2$) wird der Tragwiderstand durch den plastischen Biegewiderstand oder durch Versagen der Betonzähne begrenzt. Der plastische Biegewiderstand wird durch die Festigkeitsabminderung der Litze infolge Temperatur bestimmt, während der Biegewiderstand der eingespannten Betonzähne unbeeinflusst von der Temperatur und den Eigenspannungen mit der i.A. noch voll mitzurechnenden Zugfestigkeit des Betons berechnet werden kann.

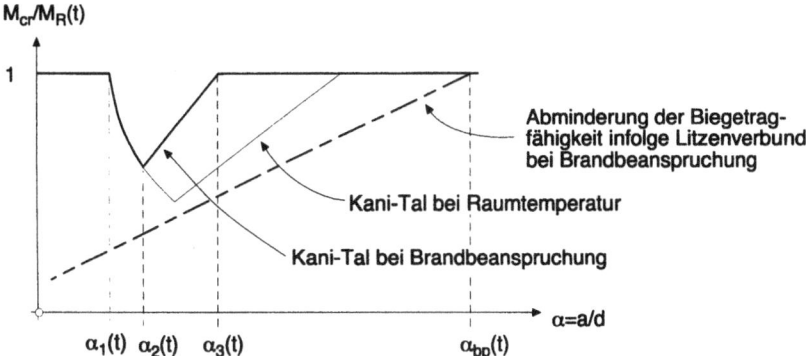

Abb. 4.33   Kani-Tal übertragen auf hohe Temperaturen und ergänzt durch den Einfluss des Litzenverbundes ohne Berücksichtigung der Eigenspannungen

Das Kani-Tal in Abb. 3.15 kann auch für Brandbeanspruchung (Abb. 4.33) konstruiert werden. Es wird davon ausgegangen, dass durch die Bildung eines Biegeschubbruches die Eigenspannungen im Rissbereich abgebaut werden. Die Festigkeit der Litze wird für die entsprechende Temperatur abgemindert. Damit wird das Verhältnis des Betonzahnwiderstands $M_{cr,t}$ (3.20) zum plast. Biegemoment $M_R(t)$ günstiger. Das Kani-Tal verkleinert sich. Dies kann auch damit erklärt werden, dass die Festigkeitsabminderung der Bewehrung einer Reduktion des Bewehrungsgehaltes entspricht; bei kleiner werdendem Bewehrungsgehalt nimmt das Kani-Tal ab. Der Verankerungsbruch wird hingegen mit höher werdender Temperatur ungünstiger (vgl. Kap. 4.3.2). Je nach Hohlplattengeometrie wird er sogar im Vergleich zum Biegeschubbruch immer tiefer liegen.

$$V_{Rf}(t) = 0.068 \cdot \sqrt{f_c} \cdot b_w \cdot d \cdot \xi \cdot (1 + 0.5 \cdot \rho_0(t)) \tag{4.35}$$

ξ: $=1.6-d$ [m]
$\rho_0(t)$: $=100 \cdot A_p \cdot f_{py}(t)/(b_w \cdot d \cdot f_{py}(20°C))$

Die aus Versuchen ermittelte Formel für Biegeschubbruch bei Raumtemperatur kann auch auf höhere Temperaturen übertragen werden (4.35): Der Längsbewehrungsgehalt wird entsprechend dem Festigkeitsverlust der Litze abgemindert. Der Ausdruck $\xi=1.6-d$ ist ein Beiwert für den Size-Effekt [Walraven (1995)] und wird vorläufig auch für den Brandfall übernommen. Der Ausdruck $0.068 \cdot \sqrt{f_c}$ steht für die nominelle Schubfestigkeit und ist abhängig von der Betonzugfestigkeit. Da die Betonzugfestigkeit als Biegezugfestigkeit der Betonzähne wirksam ist, erleidet sie aufgrund ihrer Lage (Einspannstelle des Betonzahns) praktisch keine Festigkeitsreduktion infolge Temperatur. Die Übertragungslänge nimmt mit der Branddauer zu, womit sich auch das Dekompressionsmoment M_0 in den auflagernahen Zonen verkleinert. Da der Biegeschubbruch nur in diesen Bereichen auftritt, wird - auf der sicheren Seite liegend - das Dekompressionsmoment M_0 vernachlässigt.

Trotz diesen konservativen Annahmen zeigen die Nachrechnungen der Brandversuche, dass die rechnerischen Biegeschubwiderstände deutlich über den Bruchlasten liegen und somit Biegeschubbruch nicht massgebend ist. In Abb. 4.34 sind die Brandversuche an den Hohlplatten P20 (Versuch B3-1) und DAL16+5 (Versuche CTICM 95/1, 95/2 und 96/1) dargestellt. Bei keinem der bekannten Brandversuche ist ein Biegeschubbruch aufgetreten.

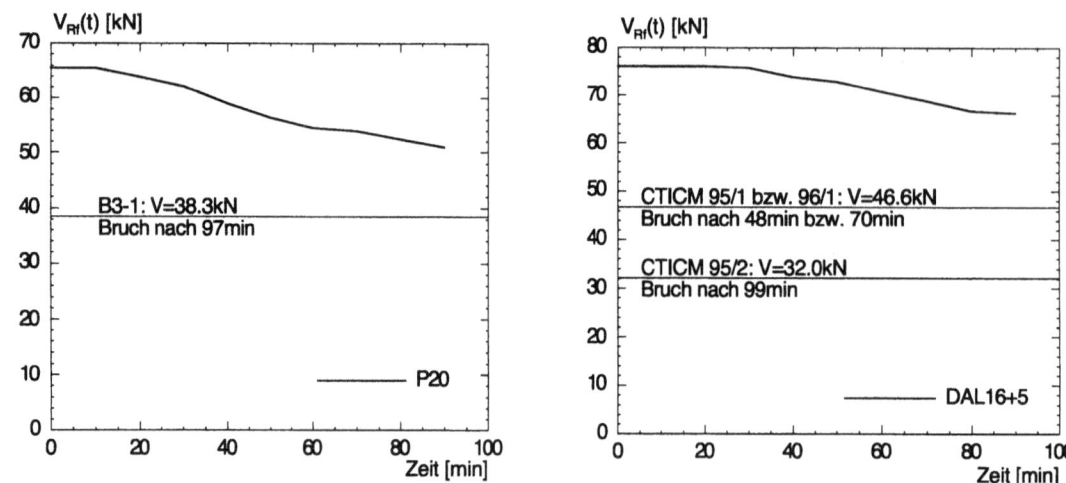

Abb. 4.34   Rechnerischer Widerstand gegen Biegeschubbruch für die Hohlplatten P20 und DAL16+5

4.3.4   Schubzugbruch

Der Schubzugbruch tritt dann auf, wenn in der Nähe des Auflagers die Hauptzugspannungen - bestehend aus den Anteilen infolge Schubbeanspruchung, Vorspannung und Querzugspannungen aus Temperaturbeanspruchung - die sich infolge Temperatur reduzierende Betonzugfestigkeit überschreitet. Für das Berechnungsmodell wurden die gleichen Annahmen wie in Kap. 3.2.5 getroffen.

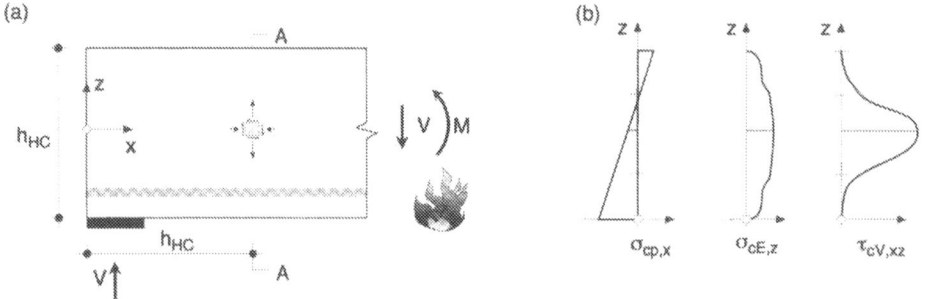

Abb. 4.35   (a) Ort mit kritischer Beanspruchung und (b) Betonvorspannung, Querzugspannung infolge ISO-Normbrand und Schubspannung infolge Querkraft im kritischen Punkt

Es wird von einem ebenen Spannungszustand ausgegangen. Die Spannkraft wird linear über die Plattenbreite eingeleitet, und sie breitet sich in einem Winkel von 45° aus. Sie erzeugt in der betrachteten Zone nur Normalspannung $\sigma_{cp,x}$. Die Normalspannungen infolge Biegung sind im kritischen Punkt null. Die Querzugspannungen infolge Eigenspannungen und die Schubspannungen infolge Querkraft erreichen im Steg an der dünnsten Stelle ihren maximalen Wert (Abb. 4.35).

Der kritische Punkt kann in einem Abstand von einer Plattenhöhe vom Plattenende und an der schmalsten Stegstelle in Höhenmitte angenommen werden. Für diesen Punkt kann der Spannungszustand im Mohr'schen Kreis dargestellt werden (Abb. 4.36). Somit lassen sich die Hauptspannungen berechnen.

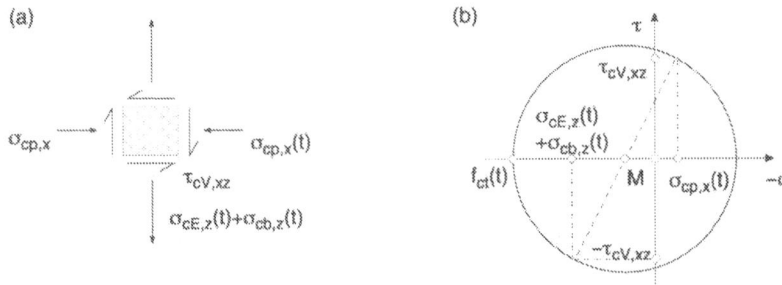

Abb. 4.36 (a) Zweiachsiale Beanspruchung im kritischen Punkt und (b) entsprechende Darstellung im Mohrschen Spannungskreis

Nach der Normalspannungshypothese lässt sich die Versagensbedingung (4.36) formulieren. Durch Umformen ergibt sich der Schubwiderstand gegen Schubzugbruch in Abhängigkeit der Betonzugfestigkeit, der vorhandenen Vorspannung und der Querzugspannung infolge der erhöhten Temperaturen (4.37). Durch Vernachlässigung der Vorspannung, die sich wegen der Vergrösserung der Übertragungslänge ständig verkleinert, ergibt sich die einfache, konservative Lösung (4.38).

$$f_{ct} \geq \frac{\sigma_{cp,x} + \sigma_{cE,z}}{2} + \sqrt{\left(\frac{\sigma_{cp,x} - \sigma_{cE,z}}{2}\right)^2 + \tau_{cV,xz}^2} \qquad (4.36)$$

$$V_{Rt}(t) = \frac{b_w \cdot I}{S} \cdot \sqrt{f_{ct}^2(t) - f_{ct}(t) \cdot \frac{\sigma_{cp,x}(t) + \sigma_{cE,z}(t)}{2} + \sigma_{cp,x}(t) \cdot \sigma_{cE,z}(t)} \qquad (4.37)$$

$$V_{Rt}(t) = \frac{b_w \cdot I}{S} \cdot \sqrt{f_{ct}^2(t) - f_{ct}(t) \cdot \sigma_{cE,z}(t))} \qquad \text{mit } \sigma_{cp,x}(t) = 0 \qquad (4.38)$$

f_{ct}: Betonzugfestigkeit im kritischen Punkt

$\sigma_{cE,z}$: Querzugspannung (vgl. Kap. 4.2.1)

$\sigma_{cp,x}$: Vorspannung im kritischen Punkt

$\tau_{cV,xz}$: Schubspannung infolge Querkraft aus äusserer Belastung

Analog zum Kap. 3.2.5 können auch die Spaltzugspannungen infolge der Einleitung der Vorspannung berücksichtigt werden. Dabei wird (4.37) zu (4.39). Der Übersichtlichkeit wegen wird die Zeitabhängigkeit f(t) aller Spannungen unter der Wurzel weggelassen.

$$V_{Rt}(t) = \frac{b_w \cdot I}{S} \cdot \sqrt{f_{ct}^2 - f_{ct} \cdot \frac{\sigma_{cp,x} + (\sigma_{cE,z} + \sigma_{cb,z})}{2} + \sigma_{cp,x} \cdot (\sigma_{cE,z} + \sigma_{cb,z})} \qquad (4.39)$$

$\sigma_{cb,z}$: $=f_{bp} \cdot u_b \cdot \Delta x/(b_w \cdot \Delta x) = f_{bp} \cdot u_b/b_w$, Spaltzugspannung (Betonspannung inf. Umlenkung der Vorspannung)

Der Schubzugbruch konnte rechnerisch bei einem der Brandversuche in Tab. 4.1 bestätigt werden. Der Versuch CTICM 95/1 zeigte eine Bruchlinie entlang des Steges mit Rissbeginn in Auflagernähe (Abb. 4.37). Infolge des sehr stark bewehrten Überbetons hat sich der Schubzugriss nicht nach oben, sondern als Längsriss im Steg ausgebreitet, sodass sich ein Vierendeel-Verhalten ausgebildet hat, was dann zu einem Biegebruch des oberen Vierendeel-Stabes an seiner schwächsten Stelle (wo die Überbetonbewehrung endete) führte (vgl. auch Kap. 6.3.3).

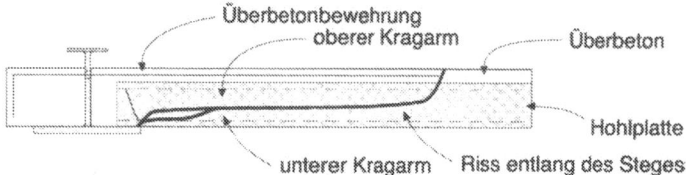

Abb. 4.37   Systematische Skizze des Schubzugbruches des Brandversuches CTICM 95/1

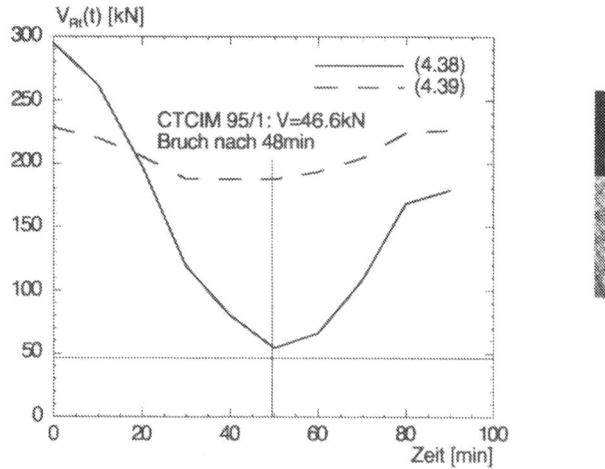

Abb. 4.38   Widerstand gegen Schubzugbruch des Versuches CTICM 95/1 an der Hohlplatte DAL16+5 und Untersicht des Bruchbilds des Versuchs CTICM 95/1: oben im Bild das Auflager auf einem Slim Floor Träger und unten der Bruch entlang dem Steg

Die Berechnung des Schubzugwiderstandes ergibt ein Minimum nach 50 Minuten ISO-Normbrand von $V_{Rt}(t)=54.4$kN bei Vernachlässigung der Vorspannung. Bei Berücksichtigung von Vorspannung und Spaltzugspannung ergibt sich für den Schubzugwiderstand $V_{Rt,b}(t)$ das Minimum ebenfalls nach 50 Minuten. Es zeigt sich, dass die Berücksichtigung der Vorspannung und der entsprechenden Spaltzugspannungen einen grossen Einfluss auf die Schubzugtraglast hat. Da jedoch schon nach kurzer Zeit ein erheblicher Schlupf in den Litzen auftritt [CTICM 93] und damit die Eintragung der Vorspannung gerade im massgebenden Auflagerbereich fraglich ist, erscheint es angebracht, sie auch zu vernachlässigen. Der Bruch selber hat nach 48min und einer Querkraft von V=46.6kN stattgefunden (Abb. 4.38).

Der Versuchskörper von CTICM 96/1 wurde gleich konstruiert wie derjenige von CTICM 95/1. Der Stahlträger von CTICM 96/1, dessen Unterflansch das Auflager für die Hohlplatten bildete, war auf einer Wand gelagert und hatte somit ein starres Auflager, während CTICM 95/1 flexibel gelagert war. Da jedoch beim Versuch CTICM 95/1 nur zwei Hohlplatten neben einander getestet wurden, kann nach dem Trägerrostmodell in Kap. 5 davon ausgegangen werden, dass die Beanspruchung gegenüber einer starren Auflagerung nicht erhöht wird und somit die beiden Versuche direkt vergleichbar sind. Während des Brandes ist dann der Versuchskörper CTICM 96/1 am Rand wegen seiner Ausdehnung angestanden, womit sich die Beanspruchung im Bauteilendbereich änderte und daher der Schubzugwiderstand nicht mehr massgebend wurde.

Das obige analytische Modell gibt das grundsätzliche Tragverhalten vom Randbereich der Betonhohlplatten bei Brand sehr gut wieder. Es können damit wichtige konstruktive Ausbildungen im Auflagerbereich abgeleitet werden (vgl. Kap. 6). Eine vertiefte Analyse des Schubzugversagens mittels FEM-Berechnungen könnte noch weitere Erkenntnisse zum Tragverhalten im Brandfalle liefern und bleibt späteren Arbeiten vorbehalten.

5 Tragverhalten von Betonhohlplatten bei nachgiebiger Auflagerung

5.1 Allgemeines

Die Auflagerung der Betonhohlplatten auf einem Stahlträger wird als nachgiebig bezeichnet. Im Gegensatz dazu bildet eine Wand ein starres Auflager.

Das Tragverhalten einer Slim Floor Decke mit auf Trägern aufgelagerten Hohlplatten liegt zwischen dem Tragverhalten einer Unterzugsdecke und einer Balkendecke. Der Einfluss der flexiblen Auflagerung kann daher anhand von verschiedenen Tragmodellen studiert und eingegrenzt werden. Eine Trägerrostmodellierung kommt dem wirklichen Tragverhalten sehr nahe.

Neben dem globalen Einfluss der Trägernachgiebigkeit beeinflusst auch die lokale Querbiegung des Unterflansches das Tragverhalten der Hohlplatten. Der Einfluss des sich querbiegenden Trägerunterflansches wird im nächsten Kapitel behandelt.

5.2 Tragmodelle bei Raumtemperatur

5.2.1 Querverteilung von Lasten bei starrer Auflagerung

Bei der Belastung von Betonhohlplatten-Decken durch Linien- oder Punktlasten beteiligen sich benachbarte Hohlplatten an der Lastabtragung zu den Auflagern. Die Fugen sind so ausgebildet, dass über eine geneigte Druckstrebe im Fugenmörtel Querkraft übertragen werden kann (Abb. 5.1). Die notwendige Horizontalkraft wird über eine Umfassungsbewehrung des ganzen Deckenfeldes oder einen Randträger des Skelettbaus sichergestellt.

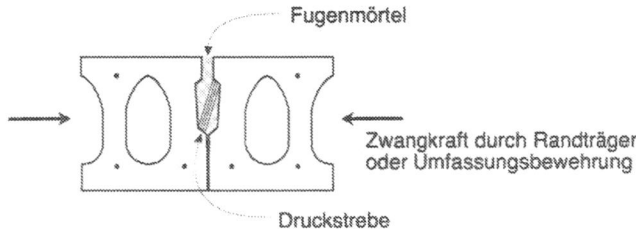

Abb. 5.1   Mechanismus für die vertikale Schubübertragung bei ausgegossenen Fugen von Betonhohlplatten

Die Verteilung von Lasten kann unter der Annahme, dass die Fuge als Gelenklinie wirkt, einfach berechnet werden (d.h. es wird quer zur Hohlplatte nur Schub, jedoch kein Moment übertragen). Untersuchungen von Paschen und Zillich (1983) zeigen, dass die Querkrafttragfähigkeit von Hohlplattenfugen i.d.R. genügend gross ist.

Csonka (1958) hat das Kräftespiel von gelenkig verbundenen Balkenreihen mit starrer Auflagerung unter der Berücksichtigung der Drillung untersucht. Die analytische Lösung mittels Fourier-Reihen zeigt, dass die Durchbiegungen bzw. die Schnittkräfte der Hohlplatten abhängig sind von den Steifigkeiten und Spannweite der Hohlplatten sowie der Position und Art der Belastung (Abb.

Nachgiebige Auflagerung

5.2). Migliacci und Avanzini (1971) haben die genannten Modelle mit Versuchen verglichen und gut übereinstimmende Resultate gefunden. FIP (1988) gibt Lastverteilungsdiagramme in Abhängigkeit der Belastung und der Hohlplattenspannweite.

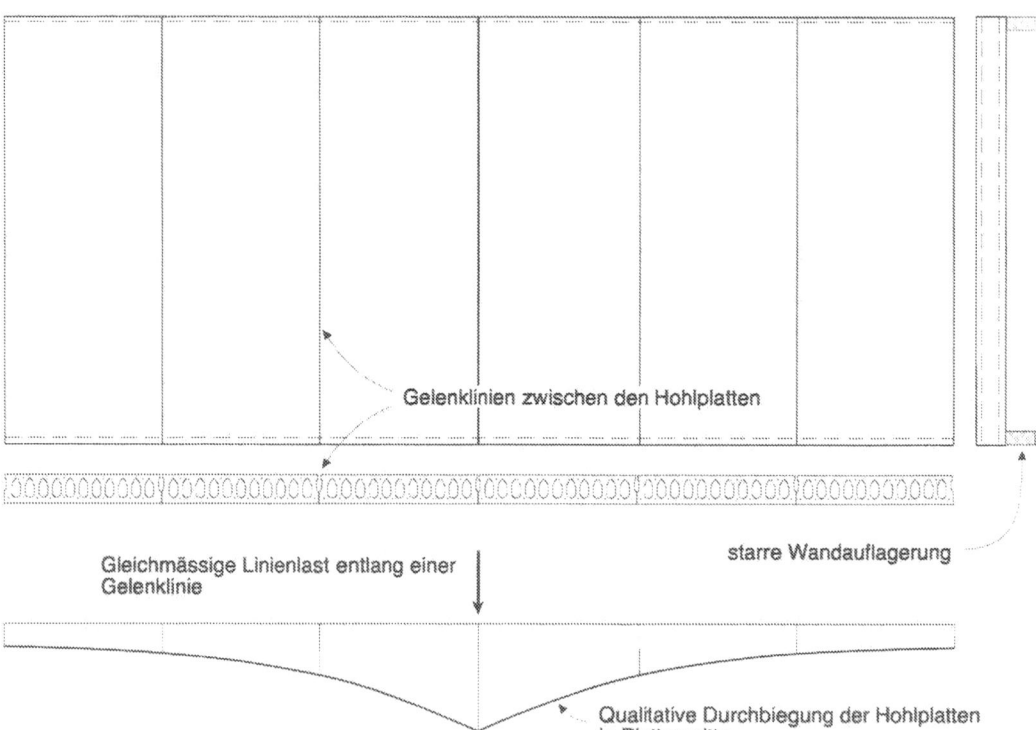

Abb. 5.2   Hohlplatten auf einer starren Wandauflagerung und mit gleichmässiger Belastung auf der mittleren Gelenklinie mit entsprechender qualitativer Durchbiegung in Deckenmitte

Im Unterschied zum starren Auflager findet bei flexibler Auflagerung auch für gleichmässig verteilte Belastung eine Lastübertragung auf die Randhohlplatten statt. Damit erhöht sich die Querkraft bei den Randhohlplatten im Auflagerbereich. Die Biegemomentenbeanspruchung in Deckenmitte verringert sich entsprechend. Auf eine Weiterentwicklung der analytischen Modelle von Csonka (1958) auf den Fall der Plattenauflagerung auf einen sich durchbiegenden Träger wurde zugunsten einer effizienteren Trägerrostmodellierung verzichtet (Kap. 5.2.3).

5.2.2 Tragmodell für die Trägernachgiebigkeit

In der Fuge Hohlplatten-Stahlträger entsteht durch den Fugenverguss mit Beton und durch Reibung zwischen Hohlplatten und Stahlflansch ein Verbund. Damit herrscht im Auflagerbereich der Hohlplatten im ungerissenen Zustand ein dreidimensionaler Spannungszustand ähnlich wie in einer Flachdecke. Dazu hat Pajari (1995/1) ein Verbundträger-Modell entwickelt, bei welchem die Hohlplatten und der Stahlträger im Verbund wirken, und der dreidimensionale Spannungszustand im Hohlplatten-Auflagerbereich berücksichtigt wird. In Wirklichkeit besteht zwischen Verbundträger und Hohlplatten mit kurz einbetonierten Hohlkörpern ohne Bewehrung ein verschieblicher Verbund. Dem trägt Pajari wie folgt Rechnung.

Die Bruchbedingung nach Ottosen kann so umformuliert werden, dass sich die Hauptspannung mit Hilfe von Quer- und Vertikalschub und Normalspannung ergibt (5.1) [Pajari (1995/1)]. Im definierten schwächsten Punkt des Hohlplattensteges (Abb. 3.19) wird die maximale Hauptspannung $\sigma_{I'}$ (5.2) im Bruchzustand unter der Annahme berechnet, dass sie gleich der

Betonzugfestigkeit ist, und die Spannungen $\sigma_x=\sigma_z=\tau_{xy}=0$ (Abb. 5.3) sind. Als Bruchkriterium muss nachgewiesen werden, dass diese Hauptzugspannung kleiner als die Betonzugfestigkeit ist (5.2).

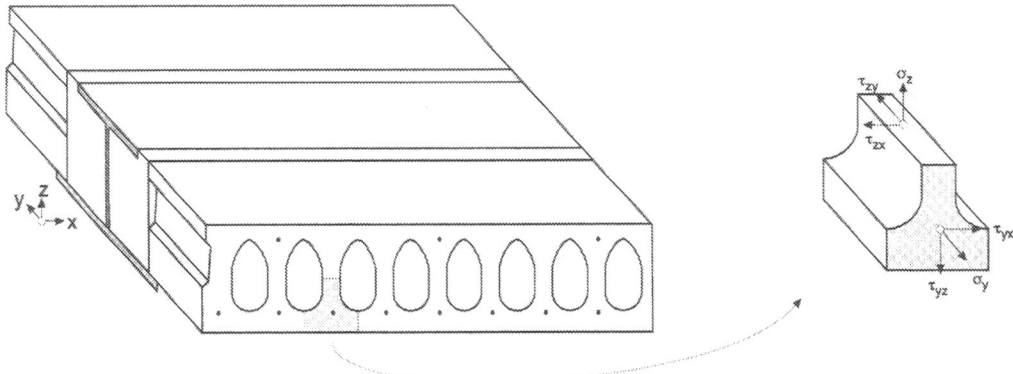

Abb. 5.3 Spannungskomponenten an einem Hohlplattenausschnitt

$$\sigma_I = -\frac{\sigma_y}{2} + \sqrt{\frac{\sigma_y^2}{4} + \tau_{yz}^2 + \left(\left(1 - \frac{\sigma_y}{\sigma_I}\right) \cdot \tau_{zx}\right)^2} \qquad (5.1)$$

$$\sigma_{I'} = -\frac{\sigma_y}{2} + \sqrt{\frac{\sigma_y^2}{4} + \tau_{yz}^2 + (\beta \cdot \tau_{zx})^2} \leq f_{ct} \qquad (5.2)$$

β: Faktor, der abhängig ist von der Fülltiefe und experimentell ermittelt wird (Empfehlung: für $\ell_c \leq 50$mm: β=1.0, für $\ell_c = h_C$: β=0.7 für dünne Hohlplatten mit runden Löchern und β=0.5 für dicke mit nichtrunden Löchern)

σ_y: Normalspannung inf. Vorspannkraft

τ_{zx}: horizontale Schubspannung inf. Schubfluss im Verbundträger

τ_{yz}: vertikale Schubspannung inf. Querkraft in der Hohlplatte

Die Normalspannung (5.3) in Längsrichtung der Hohlplatten ist von der Vorspannung und der Verbundgüte der Litze abhängig. Sie entspricht (wie in Kap. 3.2.5) der im kritischen Punkt in die Hohlplatte eingeleiteten Vorspannung.

$$\sigma_y = -\alpha \cdot \sigma_p \cdot \frac{A_p}{A_c} \qquad (5.3)$$

A_c: Querschnittsfläche der Hohlplatte

A_p: Querschnittsfläche der Litzen

α: Reduktionsfaktor, Verhältnis der bis zum krit. Punkt eingeleiteten zur voll eingeleiteten Vorspannkraft

σ_p: Litzenspannung inf. Vorspannung

Die Schubspannung τ_{zx} ist vom Schubfluss in Trägerlängsrichtung (5.4), und damit von der Stärke des Verbundes zwischen Hohlplatte und Träger abhängig. β stellt einen Reduktionsfaktor für den Querschub dar und steht für den Term $(1-\sigma_y/f_{ct})$. Er ist demzufolge auch von der Güte des Verbundes bzw. von der mitwirkenden Breite abhängig. Da die Betonfüllung einen Einfluss auf die Verbundwirkung hat, wird vereinfachend der Faktor β und die Betonfülltiefe ℓ_c in Verbindung gebracht. Die mitwirkende Breite wurde an Versuchen kalibriert [Pajari (1995/2)] und beinhaltet daher auch den verschieblichen Verbund zwischen Hohlplatte und Verbundträger. Leskelä und Pajari (1995) geben dazu folgende Bemessungsempfehlungen: Hohlplatten mit h_{HC}=400mm bzw. h_{HC}=265mm bewirken eine maximale mitwirkende Breite von 2/3 bzw. 1/3 des Wertes nach ENV 1994-1-1 ($b_{eff}=\ell/8$). Für Durchlaufträger wird die Spannweite zu $0.7 \cdot \ell$ angenommen.

Nachgiebige Auflagerung

$$\tau_{zx} = \frac{3 \cdot v \cdot b}{4 \cdot b_{cr} \cdot b_{w,tot}} \qquad \text{mit } v = \frac{e_f \cdot (2 \cdot b_{eff} \cdot h_{HC,t} \cdot E_{HC}) \cdot V_{beam}}{(EI)_{beam}} \qquad (5.4)$$

$$\tau_{zy} = \frac{V_{rigid} \cdot S}{b_{w,tot} \cdot I} \qquad (5.5)$$

- b: Breite der Hohlplatte
- b_{cr}: kritische Länge (=h_{HC} für runde Hohlkörper, =h_{HC}-h_{ct} für nichtrunde Hohlkörper mit h_{ct} als Höhe des Steges mit konstanter Dicke)
- b_{eff}: mitwirkende Breite
- $b_{w,tot}$: totale Breite der Stege einer Hohlplatte
- e_f: Schwerpunktabstand des Flansches der Hohlplatte von der Schwerlinie des ganzen Verbundträgers
- $h_{HC,t}$: Dicke des Oberflansches der Hohlplatte
- I: Trägheitsmoment der Hohlplatte
- S: stat. Moment der Fläche über dem kritischen Schnitt
- V_{beam}: Querkraft im Verbundträger inf. äusserer Last
- V_{rigid}: Querkraft in der Hohlplatte bei starrer Auflagerung inf. äusserer Last

Die Vertikalschubspannung ergibt sich aus der klassischen Schubspannungs-Formel nach (5.5). Die Flexibilität des Verbundträgers wird für die Schubbeanspruchung nicht berücksichtigt, sondern es wird die entsprechende Querkraft einer starren Auflagerung genommen.

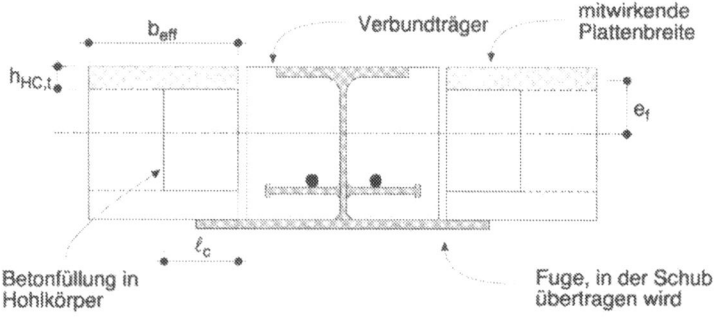

Abb. 5.4 Slim Floor Träger mit mitwirkender Breite zur Bestimmung des Querschubflusses in den Hohlplatten

Die Steifigkeit des Verbundträgers wird unter Einbezug der mitwirkenden Breite b_{eff} (Abb. 5.4) berechnet, jedoch ohne den Füllbeton in den Hohlkörpern. Mit grösser werdender mitwirkender Breite entsteht ein grösserer Querschub in den Randhohlplatten. Der Einfluss des Überbetons muss in der Spannungsberechnung berücksichtigt werden.

Bei diesem Modell sind Drillungsbeanspruchungen (vgl. Kap. 5.2.3.) nicht berücksichtigt. Durch die Kalibrierung der mitwirkenden Breite und dem Faktor β an Versuchen wird jedoch eine gute Übereinstimmung mit den Versuchsresultaten (Tab. 5.1) erreicht. Eine Ausweitung dieser Modellierung auf ein allgemeines Deckenfeld mit beliebiger Belastungsanordnung ist nur möglich, wenn der Belastungsanordnung und der Geometrie durch angepasste Parameter b_{eff} und β Rechnung getragen wird (vgl. obige Empfehlung).

5.2.3 Trägerrostmodell für die Trägernachgiebigkeit

Die Beanspruchung der Hohlplatten kann anhand eines Trägerrostes berechnet werden. Dadurch werden die Durchbiegungen der Slim Floor Träger und die daraus folgende Querverteilung der Belastung [Fontana und Borgogno (1997)] berücksichtigt.

Die einzelnen Hohlplatten werden je als Längsträger mit entsprechender Biege- und Torsionssteifigkeit modelliert. Als Verbindung der Längsträger dienen Querträger, die gelenkig oder steif in der Hohlplattenfuge verbunden sind. Vereinfachend wird im Gebrauchszustand davon ausgegangen, dass in der rissefreien Fuge Momente übertragen werden können. Bei Fugenrissen kann von einem biegeweichen Gelenk ausgegangen werden (Eine Modellierung mit halbsteifen Fugen wäre natürlich möglich, sofern die Fugensteifigkeiten aus Versuchen bekannt wäre.). Es wird weiter angenommen, dass die Fugen schub- und torsionssteif sind. Die Querträger sind biegesteif mit den Längsträgern verbunden. Diese wiederum sind biegeweich und torsionssteif am Slim Floor Träger befestigt (Abb. 5.5).

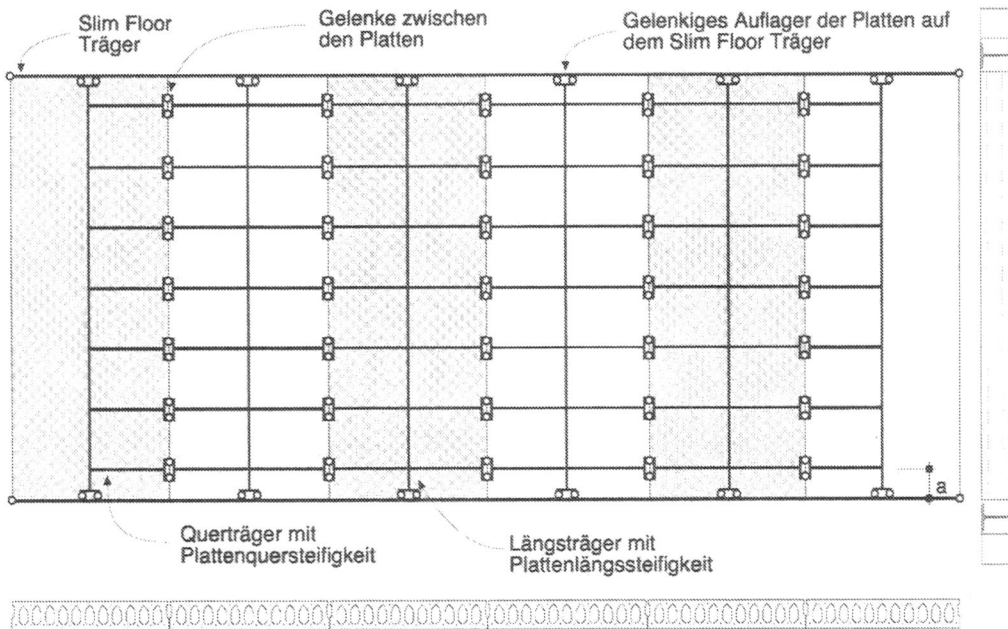

Abb. 5.5 Modellierung einer Slim Floor Decke mit Hohlplatten als Trägerrost

Durch die Rissebildung in der Fuge Kammerbeton-Hohlplatte ist genügend Rotation im Auflagerbereich vorhanden (vgl. ETH-Versuche), um den Längsträger als einfachen Balken zu modellieren. Im Falle von Überbeton oder einer abgebogenen Stützbewehrung kann die Längsträger-Verbundträger-Verbindung biegesteif modelliert werden. Eine feinere Mascheneinteilung des Trägerrostes (mehrere Längsträger pro Hohlplatte) bringt keine wesentliche Verbesserung der Modellgenauigkeit.

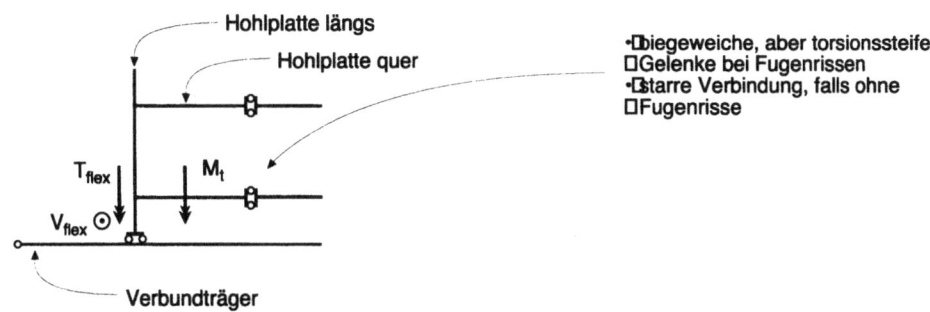

Abb. 5.6 Schnittkräfte aus der Trägerrostberechnung im Randelement

Die Trägerrostberechnung liefert die Querkraft V_{flex} und das Torsionsmoment T_{flex} in Hohlplattenlängsrichtung und das Biegemoment M_t in Querrichtung (Abb. 5.6/7). Das Querbiegemoment ist

Nachgiebige Auflagerung

i.A. vernachlässigbar klein. Je weicher der Verbundträger ist, umso stärker steigt die Beanspruchung der Randhohlplatten an.

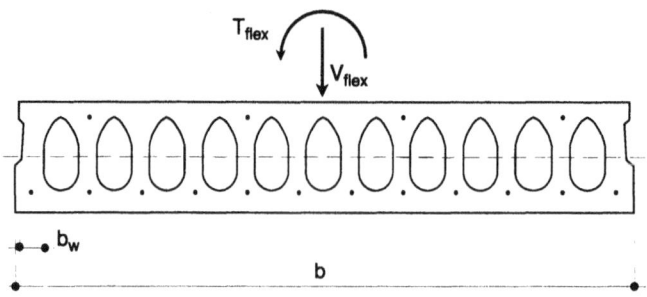

Abb. 5.7 Torsionsbeanspruchte Betonhohlplatte am Rand eines Deckenfeldes

Für die Berechnung der Steifigkeiten können vereinfachende Annahmen getroffen werden (Abb. 5.8). In Längsrichtung wird die Hohlplatte für die Torsionskonstante als Hohlkasten idealisiert. Die Querschnittswerte in Querrichtung werden an einem Ersatzquerschnitt mit verdickten Flanschen vereinfachend unter Einhaltung der Massenkonstanz ermittelt.

Modellierung in Längsrichtung

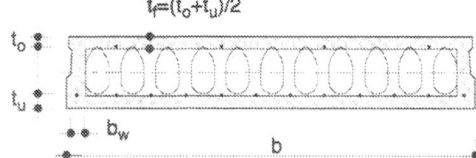

Modellierung in Querrichtung

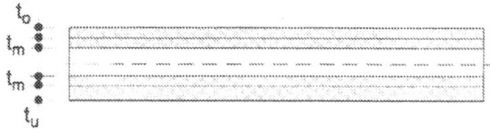

Torsionssteifigkeit:

$$I_t = \frac{2 \cdot t_f \cdot b_w \cdot (h_{HC} - t_f)^2 \cdot (b - b_w)^2}{b \cdot b_w + h_{HC} \cdot t_f + h_{HC}^2 + t_f^2}$$

Vergrösserung der Flanschdicke:

$$t_m = \frac{(h_{HC} - t_o - t_u) \cdot b_{w,tot}}{2 \cdot b}$$

Abb. 5.8 Modellierung der Hohlplattensteifigkeiten für die Trägerrostberechnung

Bruchkriterium durch Superposition von Schub und Torsion

Die komplexen Interaktionsprobleme Schub und Torsion sind für Hohlplatten noch nicht vollständig erforscht. Als einfache Bemessungsregel gibt Bachmann (1991) das Superpositionsprinzip an (5.6). Die Beanspruchung kann nach dem Trägerrostmodell berechnet werden. Der Schubwiderstand ergibt sich aus den bekannten Modellen in Kap. 3. Unter Annahme einer reinen Schubbeanspruchung kann der Torsionswiderstand der Hohlplatte ohne Querbewehrung mit einer max. Schubbeanspruchung gleich der Zugfestigkeit des Betons berechnet werden.

$$\frac{V_{flex}}{V_R} + \frac{T_{flex}}{T_R} \leq 1 \tag{5.6}$$

A_{ef}: mitwirkende Querschnittsfläche, umschlossen von der Verbindungslinie der Längsbewehrung
V_{flex}: Schubbeanspruchung der äussersten Hohlplatten mit flexibler Auflagerung
V_R: Schubwiderstand der Hohlplatten
T_{flex}: Torsionsmoment in Hohlplattenlängsrichtung
T_R: $= f_{ct} \cdot 2 \cdot A_{ef} \cdot t_{ef}$, Torsionswiderstand
t_{ef}: $\leq d_0/8$ mit d_0 als max. Durchmesser, der in die Fläche A_{ef} eingeschrieben werden kann [SIA 162 (1989)]

Das Torsionsmoment ergibt in einem Randsteg eine dem Vertikalschub gleichgerichtete Beanspruchung und im andern Randsteg eine entgegengesetzte Beanspruchung. Durch die Superposition wird die dem Vertikalschub gleichgerichtete Torsionsbeanspruchung betrachtet. Bei Bruch ist somit nur der äussere Randsteg betroffen; doch löst dies wegen der Laststeuerung eine Kettenreaktion aus und bringt die ganze Hohlplatte zum Versagen.

Bruchkriterium durch Substituierung der Torsion durch entsprechende Schubkräfte

Für torsionsbeanspruchte Hohlplatten bei starrer Auflagerung gibt die prEN 1168 (1996) einen Vergrösserungsfaktor des Schubes vor, um die Torsion bei der Bemessung zu berücksichtigen. Dieser Vergrösserungsfaktor ergibt sich aus der profilverformenden Kräftegruppe infolge Torsion.

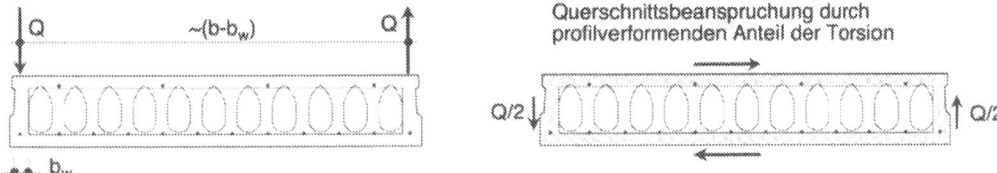

Abb. 5.9 Vergrösserung der Schubbeanspruchung durch den profilverformenden Anteil der Torsion

$$V_{flex} + \frac{T_{flex}}{2 \cdot b_w} \cdot \frac{b_{w,tot}}{b - b_w} \leq V_R \tag{5.7}$$

- b: Breite der Hohlplatte
- b_w: Breite des äussersten Steges
- $b_{w,tot}$: totale Stegbreite
- V_{flex}: Schubbeanspruchung der äussersten Hohlplatten mit flexibler Auflagerung
- V_R: Schubwiderstand der Hohlplatten
- T_{flex}: Torsionsmoment in Hohlplattenlängsrichtung

Bei Torsion $T=(b-b_w) \cdot Q$ werden die äusseren Stege eines als Hohlkasten modellierten Hohlplatte durch Q/2, d.h. durch den profilverformenden Anteil der Torsion, belastet. Der Nachweis wird aus demselben Grund wie oben nur für einen äusseren Steg geführt. (5.7) wurde derart umgeformt, dass die zusätzliche Schubbeanspruchung auch auf alle andern Hohlplatten-Stege angesetzt wird.

5.2.4 Vergleich der verschiedenen Tragmodelle

Zum Vergleich der verschiedenen Tragmodelle wird jeweils ein Modellfaktor γ_i berechnet, der sich aus der Division der im Versuch gemessenen Bruchbeanspruchung durch den rechnerischen Tragwiderstand ergibt. Für ideale Modellierung beträgt der Modellfaktor 1. Die Gleichungen (5.8) bis (5.10) zeigen die Berechnung der Modellfaktoren für die drei oben beschriebenen Rechenmodelle.

$$\gamma_1 = \frac{\sigma_{I'}}{f_{ct}} \tag{5.8}$$

$$\gamma_2 = \frac{V_{flex}}{V_R} + \frac{T_{flex}}{T_R} \tag{5.9}$$

Nachgiebige Auflagerung

$$\gamma_3 = \frac{V_{flex} + \frac{T_{flex}}{2 \cdot b_w} \cdot \frac{b_{w,tot}}{b - b_w}}{V_R} \tag{5.10}$$

Die Überprüfung dieser Rechenmodelle ist in Tab. 5.1 dargestellt. Als Grundlage dienten die Versuche von Pajari (1995/2). Für den Modellfaktor γ_1 wurden die in den Versuchen gemesssenen Querkräfte und die empfohlenen Werte für die Querschnittsberechnung eingesetzt. Die maximalen Schnittkräfte (V_{flex}, T_{flex}) aus der Trägerrostberechnung [CUBUS (1996)] für die im Versuch erreichte Bruchlast dienen zur Berechnung der Modellfaktoren γ_2 und γ_3. Daneben ist auch die entsprechende Querkraft für eine starre Auflagerung aufgelistet, damit die Beanspruchungsänderung klar ersichtlich wird. Die Tragwiderstände wurden mit den gemessenen Festigkeitswerten der einzelnen Hohlplatten ermittelt. Für die Berechnung der Modellfaktoren wurde zusätzlich das Eigengewicht berücksichtigt, d.h. bei den dargestellten Werten für V_{rigid} und V_{flex} kommt zusätzlich noch das Eigengewicht hinzu.

Tab. 5.1 Modellfaktoren (Versuch/Rechenwert) der verschiedenen Berechnungsmodelle auf der Grundlage der Versuche von Pajari (1995/2)

Versuch	f_{ct} [N/mm²]	V_{rigid} [kN]	V_{flex} [kN]	T_{flex} [kNm]	M_t [kNm]	V_R [kN]	T_R [kNm]	γ_1 [-]	γ_2 [-]	γ_3 [-]
DE265	4.59	100.0	146.1	35.7	10.4	228.0	95.8	1.31	1.07	1.05
ST265	4.33	143.8	181.4	11.9	6.7	217.8	94.4	1.07	1.02	1.01
PC265	4.59	85.4	136.4	41.0	12.3	228.0	95.8	1.03	1.08	1.06
PC265E	4.66	132.6	183.0	11.1	10.7	230.8	99.3	1.13	0.96	0.96
PC265T	4.59	116.7	186.3	56.1	16.8	292.0	114.8	1.72	1.19	1.13
PC265N	4.57	145.8	172.2	19.4	5.4	227.2	95.4	1.21	1.01	1.00
RC265	4.56	99.3	182.5	20.7	14.2	226.8	95.2	1.19	1.07	1.07
PC265C	4.51	166.7	212.7	7.8	15.8	224.9	94.2	1.70	1.08	1.08
PC400	5.01	235.8	342.3	97.9	29.3	511.7	167.4	1.03	1.27	1.12
ST400	4.82	238.1	371.5	74.5	21.7	496.0	161.0	(3.33)	1.25	1.13
Mittelwert								1.27	1.10	1.06
Standardabweichung								0.27	0.10	0.06

Die Modellfaktoren aller drei Tragmodelle liegen sehr nahe beim "Idealwert" 1. Der Modellfaktor γ_1 für das Modell von Leskelä und Pajari (1995) wurde mit den empfohlenen Bemessungswerten für b_{eff} und β und den effektiv gemessenen Materialkennwerten berechnet und ergibt im Unterschied zu den an den Versuchen kalibrierten Werten von b_{eff} und β [Pajari (1995/2)] grössere Abweichungen von 1. Das Superpositionsprinzip (γ_2) ergibt bessere Werte und der Modellfaktor γ_3 aus der Vergrösserung des Schubes durch den Torsionsanteil (Substitutions-Modell) zeigt sehr gute Resultate mit einem Mittelwert über alle Versuche von 1.06 und einen sehr geringen Variationskoeffizienten.

Die Trägerroste wurden entsprechend den Versuchen modelliert: Sind Risse in den Längsfugen aufgetreten, so wurden Biegegelenke in den Längsfugen modelliert. Ansonsten wurden die Längsfugen biegesteif modelliert. Für eine Bemessung kann angenommen werden, dass die Längsfugen biegesteif sind, da sie im Gebrauchszustand nicht gerissen sind. Für die Trägerrostberechnung wurde der Einfluss der Verbundwirkung auf die Steifigkeit des Trägers berücksichtigt durch Annahme einer mitwirkenden Breite gemäss [ENV 1994-1-1]. Auf der sicheren Seite liegend kann die mitwirkende Breite vernachlässigt werden.

5.3 Tragmodell bei Normbrandbedingungen

Sämtliche eigenen Brandversuche zeigten schon nach kurzer Brandbelastungsdauer Längsrisse entlang einiger Hohlkörper auf der Oberseite. Dies soll durch Abb. 5.10 veranschaulicht werden. Auch in Querrichtung dehnt sich die Hohlplattenunterseite infolge erhöhter Temperaturen aus (a). Da der Querschnitt durch den Kammerbeton mit dem Träger verbunden ist und im kompakten Längsfugenbereich als eben angenommen wird, kann er sich nicht krümmen. Dadurch entsteht in diesem Bereich ein negatives Zwangsmoment (b), welches im Unterflansch der Hohlplatte zu Druckkräften in Querrichtung und im Oberflansch zu Zugkräften führen kann (c).

Der gerissene Oberflansch kann weniger Querkraft als die ungerissene Hohlplatte übertragen. Die Steifigkeit des ungerissenen Unterflansches sinkt mit höher werdenden Temperaturen immer mehr ab. Demzufolge kann davon ausgegangen werden, dass auch immer weniger Querkraft in Querrichtung übertragen wird, und die Trägerrostmodellierung nicht mehr gültig ist.

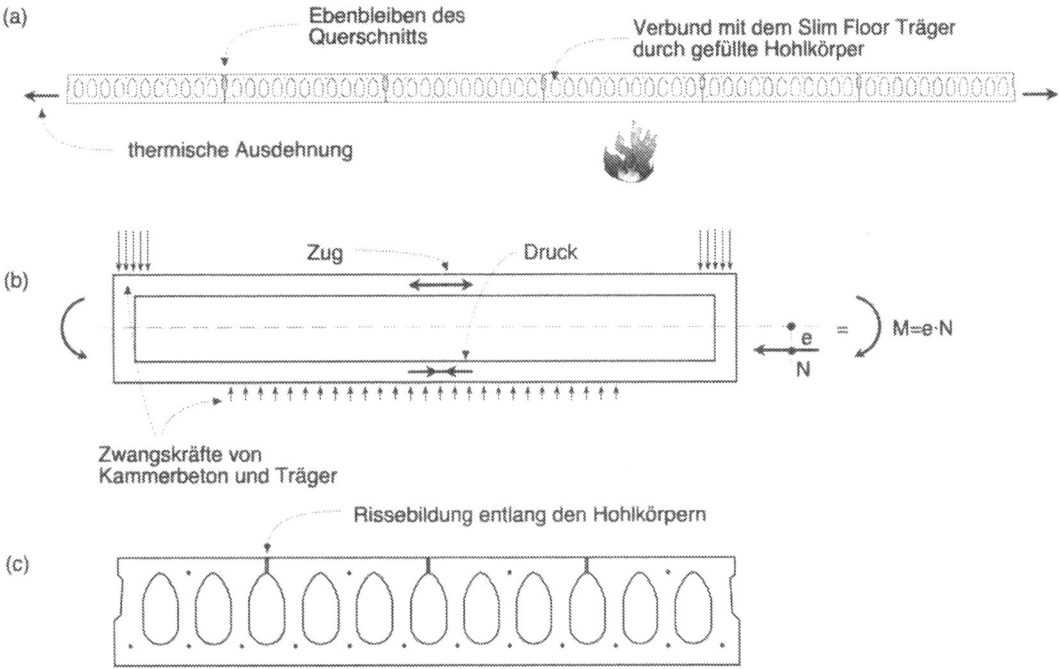

Abb. 5.10 (a) Hohlplattenausdehnung in Querrichtung infolge erhöhter Temperaturen, (b) entsprechendes Modell einer Hohlplatte in Querrichtung mit der Beanspruchung für's Ebenbleiben der Querschnitte und (c) mögliche Rissebildung entlang den Hohlkörpern

Durch die Längsrissbildung infolge Eigenspannungen werden die Zwangsmomente abgebaut. Bei den ETH-Versuchen wurden von unten keine Längsrisse festgestellt. Um den Einfluss der Längsrissbildung auf der Oberseite genauer zu modellieren, sind jedoch noch weitere Untersuchungen notwendig.

6 Tragverhalten von verstärkten Auflagern

6.1 Allgemeines

Meistens werden Betonhohlplatten in ein Tragwerk integriert. Ihr Tragverhalten bei Raumtemperatur (Kap. 3) und insbesondere bei Brandeinwirkung (Kap. 4) wird durch die konstruktive Ausbildung des Auflagers beeinflusst. Für verstärkte Auflager sollen veränderte Tragmodelle zur Anwendung kommen, welche diesen günstigen Einfluss berücksichtigen.

FIP (1988) gibt Empfehlungen für die Endverstärkung von Auflagern, ohne jedoch auf das Tragverhalten näher einzugehen. Mejia-McMaster und Park (1994) und Park (1995) haben im Hinblick auf Erdbebeneinwirkung statische Versuche an bewehrten Endauflagern von Betonhohlplatten mit Überbeton durchgeführt und einfache Tragmodelle entwickelt. Kiang-Hwee et al. (1996) haben das Tragverhalten von mit Stützbewehrung verstärkten, durchlaufenden Hohlplatten untersucht. Yang (1996) untersuchte mittels FEM die Schwächung von an den Enden schräg angefrästen Hohlplatten. Alle diese Untersuchungen zeigen, dass die Endverstärkung v.a. bei aussergewöhnlichen Einwirkungen eine Leistungssteigerung bei auflagernahen Versagensformen bringt.

Problemstellung

Hohlplatten von Slim Floor Decken sind auf dem Unterflansch des Stahlträgers aufgelagert. Verliert dieses Auflager seine Tragwirkung, so könnte dies zum Einsturz der ganzen Deckenkonstruktion führen (Abb. 6.1). Dies ist der Fall, wenn durch erhöhte Temperaturen der Unterflansch seine Festigkeit weitgehend verliert. Aber auch durch Ausführungstoleranzen kann die Auflagerbreite der Hohlplatten entscheidend abgemindert werden, oder die Hohlplatte rutscht infolge Erdbeben gar vom Lager ab. Durch konstruktive Massnahmen im Auflagerbereich muss sichergestellt werden, dass die Auflagerkräfte der Hohlplatte trotzdem abgetragen werden können.

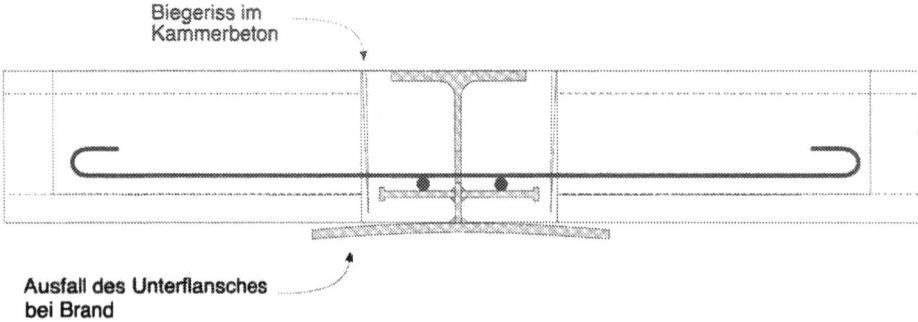

Abb. 6.1 Einlagebewehrung als Massnahme gegen den Ausfall des Unterflansches bei Brand

Als wirksame Massnahme kann der Auflagerbereich der Hohlplatten durch Kammerbeton und Einlagebewehrung mit Füllbeton in den Hohlkörpern verstärkt werden. Die in den ETH-Versuchen angewendeten Auflagerdetails werden in diesem Kapitel besprochen und zugehörige Tragmodelle aufgezeigt. Die dargestellten Auflagerdetails sind mögliche Beispiele, weitere können entwickelt und besonderen Anforderungen angepasst werden.

6.2 Vertikale Schubübertragung

6.2.1 Tragmodell für endverstärkte Hohlplatten

In Versuchen von Bode et al. (1997) wurde die Querbiegung vom Stahlunterflansch eines Slim Floor Trägers experimentell mit DMS untersucht. Die Messungen konnten zeigen, dass bei sehr steifen Hohlplatten (kurze Spannweiten, dicke Platten und Durchlaufplatten) nur ein Teil der Auflagerkraft über Querbiegung des Stahlunterflansches abgetragen wird. Die Autoren schlossen daraus, dass sich die Hohlplatten grossenteils direkt an der Kehle des Stahlträgers abstützten. Das entsprechende Tragverhalten kann auch durch folgende Modellierung nachvollzogen werden.

Bei einer Deformation des Unterflansches wird Schub zwischen Kammerbeton und den Hohlplatten aktiviert. Selbst nach der häufig beobachteten Ausbildung eines Risses zwischen Kammerbeton und Hohlplatte können Querkraft durch Risseverzahnung und Reibung übertragen werden. Abb. 6.2 zeigt, wie die dazu nötige Normalkraft aufgebaut werden kann.

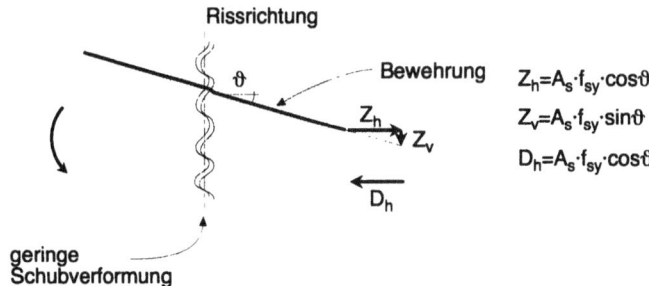

Abb. 6.2 Vertikale Schubübertragung bei Rissen mit Kontakfläche über Reibung und Aufhängebewehrung

Zur Gleichgewichtsbildung in einem gerissenen Schnitt mit Bewehrung entsteht neben der Zugkraft in der Bewehrung auch eine Druckkraft, die Reibung aufbaut. Bei einer geneigten Bewehrung kann auch deren Vertikalkomponente Schub als Aufhängekraft übertragen. Damit kann in einem gerissenen Querschnitt der Schub $V_{R,c}$ nach (6.1) übertragen werden. Der Reibungskoeffizient μ beträgt nach ACI 318 (1989) 1.4 für Risse in monolithischem Beton, 1.0 für Risse zwischen Neu- und Altbeton mit vorbereiteter Fuge und 0.6 ohne vorbereitete Fuge. Meija-McMaster und Park (1994) haben durch Versuche einen Reibungskoeffizient von $\mu=1.0$ für den Schubwiderstand im Auflagerbereich von Betonhohlplatten gefunden.

Es wird angenommen, dass die Schubverformung für diesen Mechanismus gering ist, da ja noch eine Kontaktfläche vorhanden ist. Die ETH-Brandversuche haben bestätigt, dass bei gerissenen Auflagern (Abb. 6.1) diese Kontaktfläche vorhanden bleibt. Die Dübelwirkung der Bewehrung wird im folgenden vernachlässigt.

$$V_{R,c} = A_s \cdot f_{sy} \cdot (\mu \cdot \cos\vartheta + \sin\vartheta) \qquad \text{Anteil Beton} \qquad (6.1)$$

$$V_{R,UF} = \frac{Z \cdot f_{ay}(t)}{c-s} \qquad \text{Anteil Unterflansch} \qquad (6.2)$$

$$V_R = V_{R,c} + V_{R,UF} \qquad (6.3)$$

A_s: Querschnittsfläche der Zugbewehrung

$V_{R,c}$: Schub, welcher über Reibung und Aufhängung in der gerissenen Fuge übertragen werden kann

Verstärkte Auflager

$V_{R,UF}$: Schub, welcher über die Auflagerung auf dem Stahlunterflansch übertragen werden kann
Z: plastisches Widerstandsmoment des Stahlunterflansches
c: halbe Unterflanschbreite das Stahlträgers
s: Auflagerbreite der Hohlplatte
ϑ: Winkel zwischen Bewehrung und Fugensenkrechten
µ: Reibungskoeffizient

Der Auflagerwiderstand des Unterflansches des Stahlträgers wird in der Annahme berechnet, dass der Unterflansch auf Biegung plastifiziert wird. Dazu wird die Fliessgrenze des Baustahls entsprechend der Temperatur reduziert. Der Abstand der massgebenden Auflagerkraft im angenommenen Riss beträgt c-s. Damit kann der Auflagerwiderstand nach (6.2) berechnet werden. Der totale Auflagerwiderstand ergibt sich aus der Summe von (6.1) und (6.2) nach (6.3).

Bei diesem Tragmodell entsteht ein Moment auf den Kammerbeton. Bei einem Slim Floor Träger mit einer Einlagebewehrung, die durch den Stahlsteg (Abb. 6.1) durchläuft, wird der Kammerbeton durch diese Bewehrung zurückgehalten. Fehlt eine Einlagebewehrung, so kann ein entsprechendes Moment durch Reibung zwischen dem Kammerbeton und den Stahlflanschen (Abb. 6.3) aufgenommen werden.

6.2.2 Anwendung auf die ETH-Versuche

Versuche S3K1/2 und B2-1/2/4

Bei den ETH-Kaltversuchen S3K1 und S3K2 (Abb 6.3) haben sich die Hohlplatten, die nicht durch eine Einlagebewehrung verstärkt wurden, bis zum Bruch auf dem Unterflansch des Slim Floor Trägers abgestützt. Ein Versagen des Unterflansches infolge Querbiegung wurde nicht festgestellt. Der Kammerbeton war wohl gerissen, doch durch die KBD und Reibungskräfte zwischen den Flanschen wurde er gehalten.

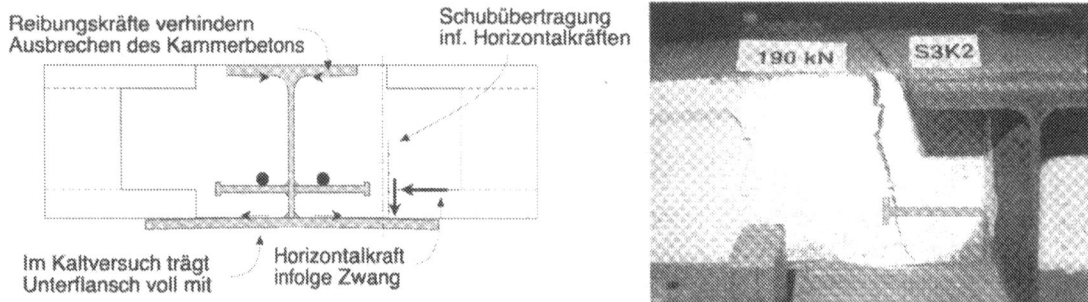

Abb. 6.3 Querschnitt des Slim Floor Trägers des Versuches S3K2 und Versuchsdecke S3K2, bei welcher sich durch die Rissbildung im Kammerbeton die Hohlplatte auf dem Unterflansch des Slim Floor Trägers abstützte

Bei den im Auflagerbereich unverstärkten ETH-Brandversuchen B2-1, B2-2 und B2-4 wurde kein Versagen des Unterflansches festgestellt. Die Fuge Kammerbeton-Stirnfläche Hohlplatten war gerissen und der Unterflansch des Slim Floor Trägers zeigte ca. 15mm Verformung. Der heisse Unterflansch hatte rechnerisch eine ungenügende Tragfähigkeit zur Aufnahme der ganzen Auflagerkraft, der Rest der Auflagerkraft muss somit über Reibung und Rissverzahnung übertragen worden sein. Die dazu notwendige Horizontalkraft kann aus der Reibung zwischen Hohlplatte und Stahlflansch sowie Schrägstellung der Auflageraufhängungen entstanden sein.

Versuche S3K3 und B2-3

In den Versuchen S3K3 und B2-3 wurden zwei aufgebogene Zugbewehrungseisen pro Hohlplatte durch vorgebohrte Löcher im Steg des Slim Floor Trägers gesteckt und in den Hohlkörpern verankert. Dies ergab eine markante Steigerung des Auflagerwiderstandes.

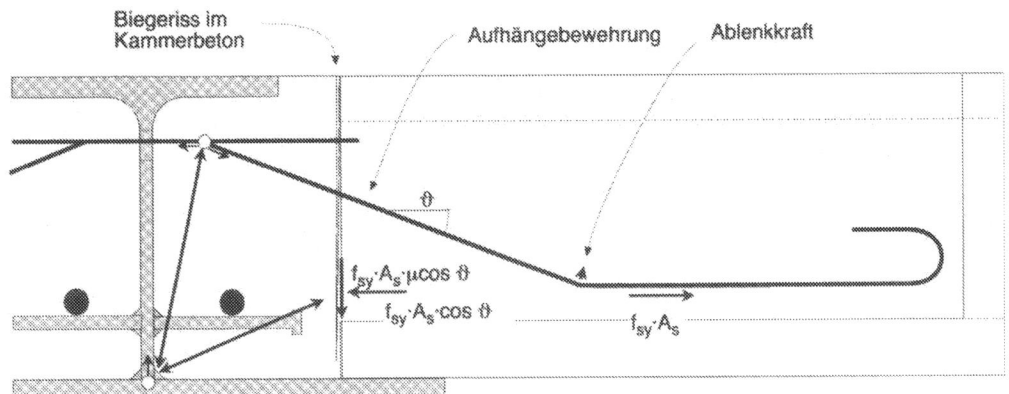

Abb. 6.4 Modellierung bei mit aufgebogener Zugbewehrung verstärkten Hohlplatten: Schubübertragung durch Aufhängewirkung der Bewehrung und durch Reibung infolge der Horizontalkomponente der aufgebogenen Zugbewehrung

Die aufgebogene Zugbewehrung erfüllt dabei einen doppelten Zweck (Abb. 6.4): zum einen überträgt die Vertikalkomponente Querkraft durch Aufhängung, zum andern ist durch die Horizontalkomponente dieser Zugkraft die notwendige Normalkraft zur Erzeugung der Reibungskraft gewährleistet. Damit lässt sich der Auflagerwiderstand nach (6.3) berechnen.

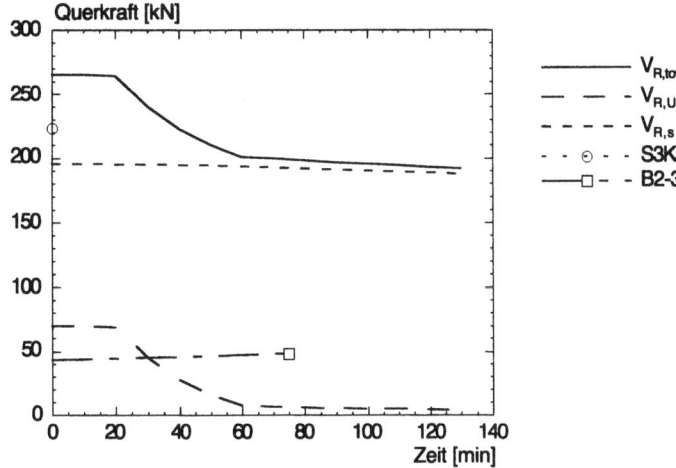

Abb. 6.5 Modellberechnungen des Auflagerwiderstandes der ETH-Versuche S3K3 und B2-3 und entsprechende gemessene Versagenswerte

Die Auswertung der Versuche S3K3 und B2-3 in Abb. 6.5 zeigt, dass der Auflagerwiderstand des Trägerflansches nicht ausreichend ist. Die Beanspruchung vom Kaltversuch S3K3 wie auch vom Brandversuch B2-3 liegen jedoch deutlich unterhalb des totalen Auflagerwiderstandes $V_{R,tot}$ bestehend aus dem Flansch- ($V_{R,UF}$) und Bewehrungsanteil ($V_{R,s}$). Ein Absprengen der Plattenoberseite (vgl. Kap. 6.2.3) infolge der Ablenkkraft der aufgebogenen Zugbewehrung ist bei diesen Versuchen auch nicht aufgetreten.

6.2.3 Aufreissen der Betonhohlplatten

Bei Hohlplatten mit aufgebogener Auflagerbewehrung ist es möglich, dass die unbewehrten Stege aufgerissen werden. Kritisch sind Hohlplatten mit dünnen Stegen und steil aufgebogenen Zugbewehrungen in den Hohlkörpern. Dazu werden im folgenden zwei neue Tragmodelle dargestellt.

Abb. 6.4 zeigt den Kräftefluss in der verstärkenden aufgebogenen Zugbewehrung und deren Reaktion auf die Hohlplatten. Für das Widerstandsmodell in Abb. 6.6 wird angenommen, dass die Vertikalkomponente der Zugkraft $A_s \cdot f_{sy}$ als Reaktion auf die Hohlplatten wirkt. Diese Reaktionskraft soll im Falle von Überbeton durch die gesamte Stegbreite auf der Länge $\ell_{up}+h_C$ aufgenommen werden. Dazu wird angenommen, dass sie sich mit einem Winkel von 45° nach oben ausbreitet. Damit ist ein Nachweis gegen Aufreissen der Betonhohlplatten durch einen Vergleich der wirkenden Zugspannungen mit der Zugfestigkeit möglich (6.4). Das Modell für Hohlplatten ohne Überbeton geht davon aus, dass die Reaktionskraft sich auf die gesamte Einbindelänge ℓ_s in den Hohlkörpern, aber nur auf die jeweils beiden anliegenden Stege verteilt (6.5).

$$\frac{V}{b_{w,tot} \cdot (\ell_{up} + h_C)} \leq f_{ct} \qquad \text{mit Überbeton} \tag{6.4}$$

$$\frac{V}{4 \cdot b_w \cdot \ell_s} \leq f_{ct} \qquad \text{ohne Überbeton} \tag{6.5}$$

b_w: Breite eines Steges
$b_{w,tot}$: gesamte Stegbreite
h_C: Höhe eines Hohlkörpers
ℓ_s: Einbindelänge der Einlagebewehrung im Hohlkörper
ℓ_{up}: horizontale Länge des geneigten Bewehrungsteiles

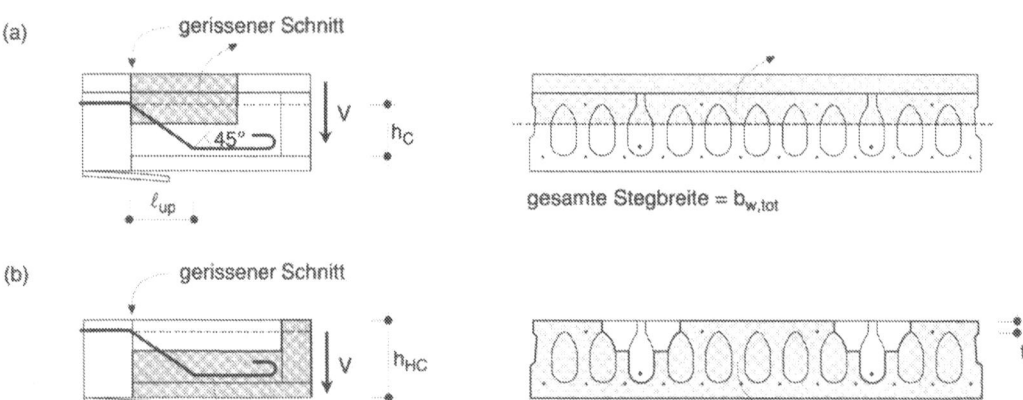

Abb. 6.6   Versagensmechanismen für Aufreissen der Hohlplatten im Auflagerbereich: (a) mit Überbeton und (b) ohne Überbeton

Bei den ETH-Versuchen wurde kein Aufreissen der Hohlplatte festgestellt. Versuche von Meija-McMaster und Park (1994) und deren Modellberechnung nach (6.4) zeigten ein Aufreissen vor dem Erreichen des rechnerischen Auflagerwiderstandes nach (6.1).

6.2.4 Verstärkung durch horizontale Bewehrung in den Hohlkörpern

Ähnlich der aufgebogenen Zugbewehrungseisen können auch zwei gerade Zugbewehrungen pro Hohlplatte durch Löcher im Steg des Slim Floor Trägers gesteckt und in den Hohlkörpern verankert werden (Abb. 6.7). Die Zugbewehrung bezweckt dabei die Aufnahme von Horizontalkräften aus aussergewöhnlichen Einwirkungen und die Erzeugung der für die Reibung notwendigen Normalkraft.

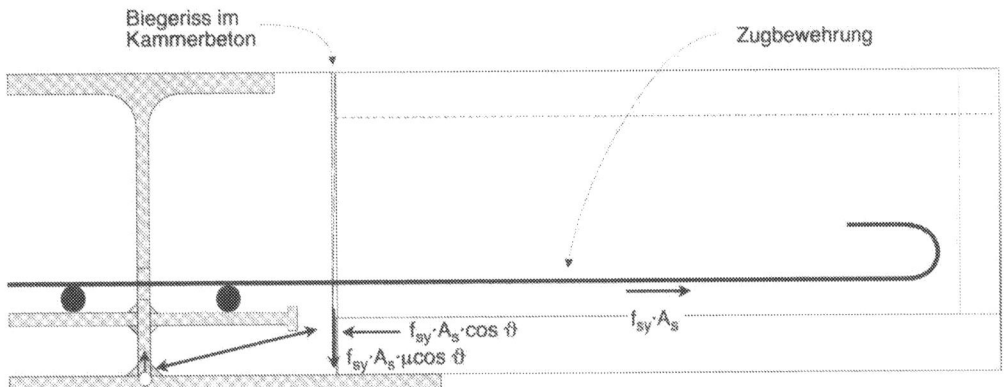

Abb. 6.7 Modellierung bei mit horizontaler Zugbewehrung verstärkten Hohlplatten: Schubübertragung durch Reibung infolge der Horizontalkomponente der aufgebogenen Zugbewehrung

Aus (6.1) mit $\vartheta=0$ ergibt sich der Bewehrungsanteil am Auflagerwiderstand. Dieser ist kleiner als mit einer aufgebogenen Bewehrung ($\vartheta>0$), aber in der Regel immer noch ausreichend, um die vorhandenen Lasten abzutragen. Vorteilhaft ist die fehlende Ablenkkraft (vgl. Kap. 6.2.3), sodass keine Gefahr des Aufreissens besteht.

6.3 Schubwiderstand von endverstärkten Hohlplatten

6.3.1 Ausbetonierte Hohlkörper an den Enden

Abb. 4.12 zeigt, dass ein Vollquerschnitt eine viel geringere Beanspruchung infolge Eigenspannungen aus erhöhten Temperaturen im Bauteilendbereich erleidet als eine Hohlplatte mit reduziertem Stegquerschnitt. Betongefüllte Hohlkörper über eine Länge von mindestens einer Plattenhöhe sind daher eine wirksame Massnahme zur Reduktion der Querzugspannungen im Hohlplattenendbereich (Abb. 6.8). Durch den Füllbeton im Endbereich wird der Schubzugwiderstand der Hohlplatten nach (4.38) massiv erhöht.

Diese Massnahme führt zudem ähnlich einem Querträger einer Brücke zur Auflagerverstärkung für die Einleitung des Torsionsmomentes, bzw. zur Reduktion der Vierendeelwirkung beim Verbundträgermodell [Pajari (1995/1)].

Verstärkte Auflager

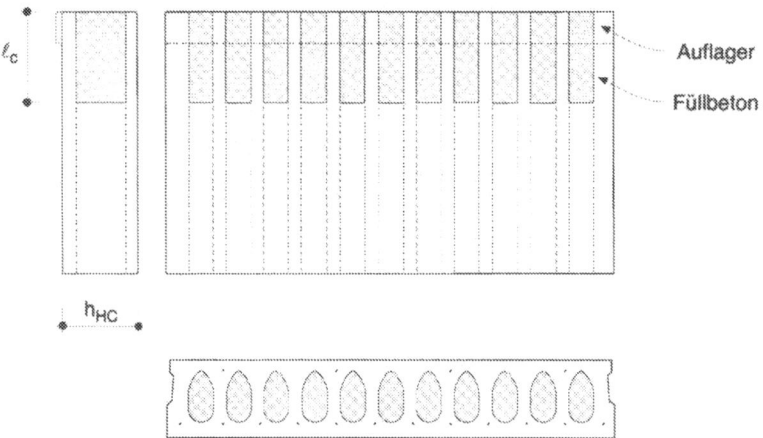

Abb. 6.8   Verlängerung der Feuerwiderstandsdauer durch gefüllte Betonhohlkörper im Hohlplattenendbereich

6.3.2 Einlagebewehrung

Die ETH-Brandversuche haben gezeigt, dass bei Hohlplatten ohne aufgebogene Zugbewehrung am Rand des Oberflansches des Slim Floor Trägers sich Biegerisse im Kammerbeton bilden. Infolge dieses Risses wirken die Auflager als Gelenke und die Hohlplatten verhalten sich wie einfache Balken. Bei Brandbeanspruchung und unbehinderter Ausdehnung ist daher die Schubbeanspruchung infolge thermischer Eigenspannungen (vgl. Kap. 4.2.1) auch bei über mehrere Felder durchlaufenden Decken vorhanden. In Bauwerken kann jedoch durch Umschnürungsbewehrung einfach eine günstige Zwängung erzeugt werden (vgl. Kap. 6.3.3).

Die horizontale Zugbewehrung als Einlagebewehrung kann Zug aus der Litze (vgl. Kap. 4.2.1) übernehmen und entlastet diese und verbessert den Verankerungswiderstand (Abb. 6.9).

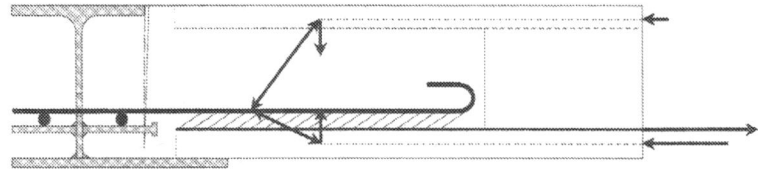

Abb. 6.9   Verstärkung des infolge thermischer Eigenspannungen und infolge Litzenverankerung schubbeanspruchten Endbereiches der Betonhohlplatte durch die horizontale Einlagebewehrung

Da die Einlagebewehrung in die Hohlkörper einbetoniert ist, wird die totale Stegbreite im kritischen Bereich für den Schubzugbruch erhöht. Dadurch werden analog zu Kap. 6.3.1 die Querzugspannungen kleiner und der Schubzugwiderstand erhöht sich.

Die in die Hohlkörper eingelegten Bewehrungen müssen genügend verankert werden. Es empfiehlt sich, sie mit Endhaken auszuführen und über die Übertragungslänge der Litze einzubetonieren (vgl. FIP (1988)).

6.3.3 Umschnürungsbewehrung

Die Brandversuche CTICM 95/1 und 96/1 wurden mit den gleichen Auflagerdetails hergestellt. Der Versuch CTICM 95/1 ist spröd auf Schubzug gebrochen. Bei dem ein Jahr später durchgeführten Versuch CTICM 96/1 führte eine veränderte Rahmenkonstruktion für die Belastungseinrichtung den Versuchskörper schon nach kurzer Branddauer zu einer Behinderung der thermischen Ausdehnung. Dadurch hat sich ein äusserer Zwang aufgebaut und der Versuchskörper hat nicht etwa nach 48 Minuten durch Schubzugbruch versagt, sondern nach 70 Minuten durch Biegebruch. Wegen der anfänglichen Ausdehnung des Versuchskörpers kann zwar nur von einer Teilzwängung gesprochen werden. Diese Versuche zeigen, dass bereits eine Teilzwängung den Feuerwiderstand deutlich verbessert.

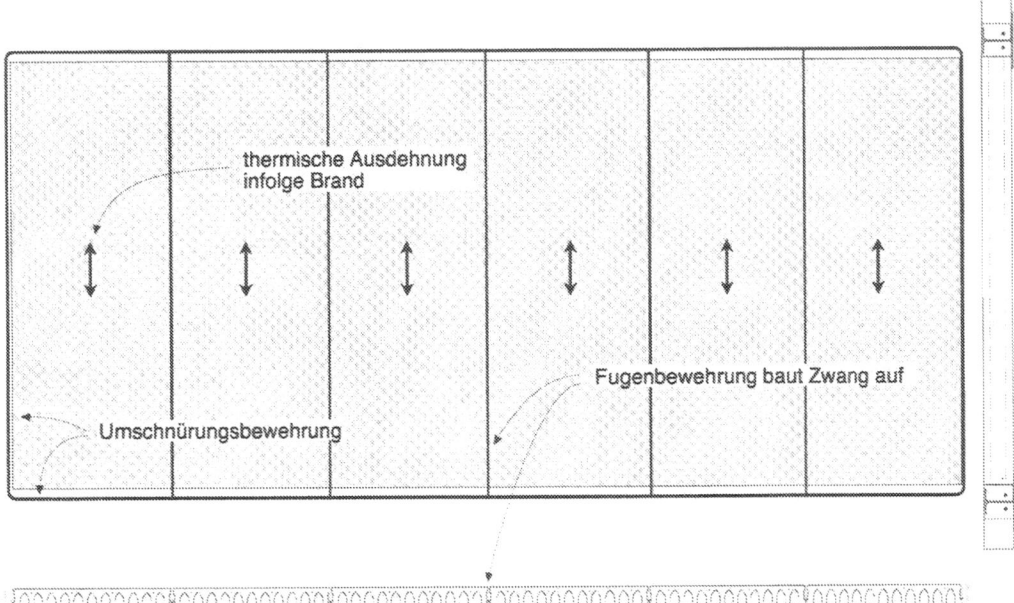

Abb. 6.10 Aufbau eines äusseren Zwanges durch Fugenbewehrung

Abb. 4.13 zeigt die Zwangnormalkraft einer vollständig dehnbehinderten Hohlplatte bei ISO-Normbrand. Ein wenigstens teilweiser Zwang kann z.B. durch eine Umschnürungsbewehrung erreicht werden, die höher genügend kalt bleibt und daher sich nicht gleich stark thermisch verformt wie die Hohlplatten. Durch die in FIP (1988) empfohlene Fugenbewehrung von mind. ø14 erreicht man nicht die für eine volle Dehnbehinderung nötige Zwangsnormalkraft. Diese Bewehrung - angeordnet in jeder Fuge oder entsprechend verstärkt nur als Feldumschnürung - reicht jedoch aus, um eine Teilzwängung zu erzeugen und um den Querzug infolge thermischer Eigenspannungen im Endbereich stark zu reduzieren. Dies führt zu einer deutlichen Verbesserung des Widerstandes der Hohlplatten im Brandfalle.

7 Tragverhalten der Verbundträger

7.1 Tragverhalten der Verbundträger im Brandfalle

Das Tragverhalten des Slim Floor Stahl-Beton-Verbundträgers muss an dieser Stelle nicht eingehend untersucht werden, verhalten sich doch diese prinzipiell wie kammerbetonierte Verbundträger. Unterschiedlich ist lediglich die Auflagerung der Hohlplatten auf dem Unterflansch und das günstigere Temperaturfeld, da seitlich keine Beflammung vorhanden ist. Durch Auflagerbewehrung gemäss Kapitel 6 und eine Temperaturfeldberechnung nach Kapitel 2.2.3 können diese Einflüsse einfach berücksichtigt werden.

Die Slim Floor Träger zeigten in den Brandversuchen ein sehr gutes Verhalten. Auch ohne Brandschutzverkleidung des Unterflansches konnte eine Feuerwiderstandsdauer von F120 erreicht werden. Dies wurde v.a. durch eine starke Brandschutz-Längsbewehrung im Kammerbeton [Kindmann et al. (1993)] ermöglicht. Durch eine einfache Berechnung des plastischen Biegewiderstands mit entsprechender Reduktion der Festigkeiten [ENV 1994-1-2 (1994)] kann der Feuerwiderstand nachgewiesen werden. Versuche zum Brandverhalten von Verbundträgern sind in [BS (1993)] veröffentlicht.

8 Folgerungen und Ausblick

8.1 Zusammenfassung und Folgerung

Das vorliegende Forschungsvorhaben untersuchte das Tragverhalten von Slim Floor Decken mit vorgespannten Betonhohlplatten bei Raumtemperatur und Brandeinwirkung. Das Tragverhalten von Betonhohlplatten mit starrer Auflagerung bei Raumtemperatur ist in der Literatur beschrieben. Weiterführende Versuche bei Raumtemperatur an der ETH dienten zur Feststellung der Tragwiderstände und Versagensformen der untersuchten Hohlplatten als Grundlage für die Brandversuche. Die Versuchswerte zeigten eine sehr gute Übereinstimmung mit den bekannten Berechnungsmodellen [prEN 1168 (1996), Walraven und Mercx (1983), FIP (1988)]. Mit 6 Brandversuchen an Deckenelementen wurde das Verhalten von Hohlplatten in Slim Floor Decken überprüft. Es wurden verschiedene Auflagerausbildungen und deren Auswirkungen auf das Tragverhalten untersucht.

Zur Analyse des Tragverhaltens von Hohlplatten in Slim Floor Decken bei Brandbeanspruchung wurden Berechnungsmodelle entwickelt. Die Beanspruchung infolge erhöhter Temperaturen durch Eigenspannungen kann durch ein Fasermodell (Lamellenmethode) dargestellt werden. Unter Annahme eines ebenen Querschnittes nach Navier-Bernoulli kann mittels Iteration die resultierende Dehnungsebene berechnet werden. Die Eigenspannungen ergeben bei grossen Temperaturgradienten über den Querschnitt Zugkräfte im Steg und in der Litze und Druckkräfte im Ober- und Unterflansch. Die Betonzugfestigkeit im Steg wird dabei überschritten und die Zugkräfte auf die Litze umgelagert. Da die Stirnfläche der Hohlplatte spannungsfrei ist, müssen sich die Eigenspannungen im Endelement der Hohlplatte ausgleichen. Dies führt zu starken Schubbeanspruchungen, die mit einfachen Modellen berechnet werden können. Die vorgeschlagenen Berechnungsmodelle erklären die vorhandenen Versuchsresultate sehr gut.

Durch die nachgiebige Auflagerung der Hohlplatten auf einem Träger anstelle einer starren Wand entsteht ein Flächentragwerk mit zusätzlicher Schub- und Drillbeanspruchung der Hohlplatten. Mit einer Trägerrostmodellierung kann die erhöhte Beanspruchung infolge nachgiebiger Auflagerung der Hohlplatten auf dem Slim Floor Träger berechnet werden. Die Bruchkriterien der entwickelten Tragmodelle - Superpositions- und Substitutionsmodell - stimmen mit in Finnland durchgeführten Traglastversuchen sehr gut überein. In den Brandversuchen entstanden infolge der thermischen Querdehnung längs der Hohlplatten Risse, die v.a. oberhalb der Hohlkörper verliefen. Dadurch wird die Querverteilung der Belastung gegenüber derjenigen bei Raumtemperatur abgemindert. Eine quantitative Untersuchung dieser Frage bleibt späteren Arbeiten vorbehalten.

Im Brandfalle ist der temperaturbedingten Reduktion des Tragwiderstandes des Unterflansches des Stahlträgers besondere Beachtung zu schenken. Dafür wurden Konstruktionsdetails und zugehörige Tragmodelle erstellt, die zeigen, wie die Lastabtragung sicher gewährleistet werden kann.

8.2 Beurteilung der heutigen Bemessungsregeln und Normen

Die FIP (1988) und prEN 1186 (1996) geben Prinzipien und Regeln, wie Bauwerke mit Betonhohlplatten konstruiert werden sollen. Es werden Tragmodelle für Raumtemperatur sowie Konstruktionsdetails und Tragmodelle für Biegung im Brandfall gegeben, Tragmodelle für den Auflagerbereich bei Brand fehlen jedoch. Durch die hier entwickelten Tragmodelle ist es möglich, die empfohlenen konstruktiven Details gemäss [FIP (1988)] zu beschreiben und eine Traglastberechnung durchzuführen.

Regeln zur Berücksichtigung der nachgiebigen Auflagerung sind z.Z. in Bearbeitung [SCI (1997)]. Sie haben bisher jedoch noch kaum Eingang in die Bemessungspraxis gefunden.

8.3 Ausblick

Zur weiteren Vertiefung und Verallgemeinerung der hier entwickelten Tragmodelle wären z.T. noch weitere theoretische und experimentelle Untersuchungen, insbesondere Brandversuche an grösseren Decken (ca. 6m·8m), notwendig. Die folgenden Ausführungen zeigen mögliche Stossrichtungen für solche Forschungsarbeiten auf.

- Die Modellierung des Hohlplattenendbereiches erfolgte mit zweidimensionalen Fasermodellen und in Analogie zur in der Stahlbetonbauweise üblichen Scheibentheorie. Eine detaillierte dreidimensionale Modellierung mittels FEM-Volumenelementen der Betonhohlplatten bei Brandbeanspruchung könnte zu einer weiteren Verfeinerung der Modelle führen.

- Die beschriebene temperaturbedingte Rissebildung im Stegbereich der Hohlplatten infolge thermischer Eigenspannungen (vgl. Kap. 4) sollte durch eine weiterführende Grundlagenuntersuchung unter Einbezug bruchmechanischer Ansätze vertieft abgeklärt werden.

- Der Einfluss der nachgiebigen Auflagerung und der thermischen Eigenspannungen wurden in der vorliegenden Arbeit getrennt untersucht. Der Temperaturgradient infolge der starken Erhitzung der Hohlplattenunterseite führt jedoch auch zu thermischen Dehnungen und Krümmungen in Querrichtung, welche negative Effekte der nachgiebigen Auflagerung möglicherweise abbauen (vgl. Kap. 5.3). Weiterführende FE-Berechnungen und Grossversuche an Decken unter Normbrand könnten zu einer höheren Ausnutzung und weiteren Verbesserung der Wirtschaftlichkeit führen.

Begriffe

Bemessung: Festlegen der Stahlprofil- und Betonabmessungen, der Bewehrungsquerschnitte und der Bewehrungsführung mit dem Ziel, die Tragsicherheit und die Gebrauchstauglichkeit des Tragwerks sicherzustellen.

Bemessungsbrand: Thermische Einwirkungen, die für die Brandschutzbemessung anzusetzen sind (z.B. ISO-Normbrand).

Betonhohlplatten: Industriell im Spannbettverfahren in langen Bahnen hergestellte Fertigteildecken, welche auf die geforderte Länge zugeschnitten werden und keine schlaffe Bewehrung und Endverankerung der Litzen haben.

Bruch: Zerstörung des Materialgefüges nach dem Erreichen der Höchstlast.

Druckband: Paralleles Spannungsfeld einachsiger Druckbeanspruchung mit konstanter Spannungsintensität.

Duktilität: Fähigkeit eines Tragelements oder eines Tragwerks, sich nicht nur elastisch, sondern unter Aufrechterhaltung des Tragwiderstandes auch plastisch zu verformen.

Effektive Betondruckfestigkeit: Reduzierte einachsige Betondruckfestigkeit bei gleichzeitiger Querzugbeanspruchung (Zylinderdruckfestigkeit).

Effektiver Bewehrungsgehalt: Fläche der Bewehrung bezogen auf die Betonfäche aus statischer Höhe und Breite.

Eigenspannungen (thermische): Spannungen, welche bei nichtlinearer Temperaturdehnungsverteilung in einem Bauteil ein Ebenbleiben der Querschnitte bewirken.

Endelement: Endbereich eines statisch bestimmt gelagerten Bauteils, der stark schubbeansprucht ist.

Feuerwiderstand: Fähigkeit des Tragwerks, eines Tragwerkteiles oder eines Bauteils, die geforderten Funktionen (Tragwiderstand, Raumabschluss, Wärmedämmung) für eine bestimmte Brandbeanspruchung und für eine bestimmte Dauer zu erfüllen.

Gebrauchstauglichkeit: Qualitätsmerkmal eines Tragwerks in Bezug auf das Verhalten unter den Nutzungszuständen.

Gefügespannungen: Spannungen im Beton aus dem unterschiedlichen thermischen Dehnverhalten von Zementstein und Zuschlagstoffen.

Innere thermische Zwangspannungen: Verbundspannungen, die aus dem unterschiedlichen thermischen Dehnverhalten von Beton und Stahl entstehen.

ISO-Normbrand: Nominelle Temperaturzeitkurve gemäss ISO 834 bzw. ENV 1991-2-2 (auch Einheits-Temperaturzeitkurve genannt).

Kraft: Einwirkungen z.B. infolge Zwang, Wind, Erdbeben, usw.

Last: Einwirkungen aus der Wirkung der Erdbeschleunigung.

Mechanischer Bewehrungsgehalt: Fläche der Bewehrung mal Fliessgrenze bezogen auf die Betonfläche aus statischer Höhe und Breite mal effektive Druckfestigkeit.

Netto-Wärmestrom: Von Bauteilen absorbierte Energie pro Zeiteinheit und Oberfläche.

Plastizitästheorie: Theorie des mechanischen Verhaltens deformierbarer Körper unter der Annahme plastischen Materialverhaltens.

Slim Floor Decken: Flachdecke aus asymmetrischen Stahlträgern, welche in die Decken integriert sind. Die Deckenfelder können aus Fertigteilen, Verbundblech- oder Ortbetondecken bestehen.

Spannungsfeld: Kontinuumsmodell zur Beschreibung des Spannungszustands eines Tragwerks.

Sprödigkeit: Eigenschaft eines Tragsystems, die sich durch eine besonders prononcierte Entfestigung manifestiert.

Temperaturberechnung: Berechnung der Temperaturentwicklung in Bauteilen infolge der thermischen Einwirkungen unter der Beachtung der thermischen Werkstoffeigenschaften der Bauteile und gegebenenfalls vorhandener schützender Verkleidungen.

Temperaturzeitkurven: Gastemperaturen in der Umgebung der Bauteiloberflächen als Funktion der Zeit.

Thermische Einwirkungen: Einwirkungen auf Tragwerke, die durch den Netto-Wärmestrom zu den Bauteilen beschrieben werden.

Tragmodell: Modell zur Beschreibung des Kraftflusses in einem Tragwerk, wobei ein bestimmtes Phänomen möglichst gut abgebildet werden soll.

Tragsicherheit: Sicherheit eines Tragelements oder eines Tragwerks gegenüber dem Versagen.

Tragwiderstand: Maximaler Widerstand eines Tragelements oder eines Tragwerks gegen Beanspruchungen.

Übertragungslänge: Strecke, ab welcher die Stahlspannungen in der Litze von im Spannbettverfahren vorgespannten Bauteilen konstant sind.

Verankerungslänge: Strecke, ab welcher die Fliessspannung in der Litze erreicht werden kann, ohne dass es zu einem Verankerungsversagen kommt.

Verbundträger: Träger (z.B. Stahl-), der mit einem Verbundpartner (z.B. Beton) durch Dübel, Noppen, Reibung oder Löcher schubfest verbunden ist.

Versagen: Unbrauchbarwerden eines Tragwerks, eines Tragelements oder einer Tragwerkskomponente durch Bruch.

Zugband: Paralleles Spannungsfeld einachsiger Zugbeanspruchung mit konstanter Spannungsintensität.

Bezeichnungen

Lateinische Grossbuchstaben

A	Fläche, Konstante, Verankerungsbruch
ASTM	American Society of Testing and Materials
B	sprödes Versagen mit totaler Zerstörung
D	starke Zunahme der Deformationen, Druckkraft
E	Elastizitätsmodul
F	Kraft
FC	Biegbruch (Versagen der Druckzone)
FT	Biegbruch (Versagen der Litze)
FW	Fachwerk
G	Bruchenergie pro Fläche
HC	Betonhohlplatte
I	Trägheitsmoment
IFB	integrierte Flachdeckenbauweise
IQD	Differenz oberes - unteres Quartil
KBD	Kopfbolzendübel
LQ	unteres Quartil
M	Moment
N	Normalkraft, Konstante
P	Last, Durchstanzversagen
PL	Litze aus profilierten Drähten
Q	Last
R	Riss
S	Flächenmoment
SC	Biegeschubbruch
ST	Schubzugbruch
T	Zugkraft
UL	Litze aus sechseckigen, tordierten Drähten
UQ	oberes Quartil
V	Querkraft
Z	plastisches Widerstandsmoment, Zugkraft

Lateinische Kleinbuchstaben

a	Konstante, Betondeckungszahl, Lastabstand, Achsüberdeckung
b	Konstante, Breite, blockiert
c	Wärmekapazität, Verwindungslänge, Profilierungsabstand, Bewehrungsüberdeckung, halbe Flanschbreite
cr	kritisch
d	statische Höhe, Durchmesser
e	Exzentrizität, Auflager einbetoniert
f	Stofffestigkeit, Rippenfaktor, frei
h	transportierte Wärmemenge
k	Kernweite, Reduktionsfaktor
ℓ	Länge
m	Verbundkoeffizient
n	Wertigkeit
p	Vorspanngrad, Ausnutzungsgrad, Hilfswert, Wassergehalt
q	Hilfswert
r	Radius
s	Schlupf, Elementlänge, Auflagerbreite
t	Zeit, Dicke
u	Umfang
v	Schubfluss, Variationskoeffizient
w	Rissweite
x	Ortsvariable, Stichprobe
y	Ortsvariable
z	Ortsvariable, Hebelarm

Griechische Grossbuchstaben

Δ	Differenz
Θ	Temperatur

Griechische Kleinbuchstaben

α	Wärmeübergangszahl, Faktor zur Berücksichtigung der eingeleiteten Vorspannkraft, thermische Ausdehnzahl, Schubspannweite, Risswinkel
β	Reduktionsfaktor, Konstante
δ	Verformung
ε	Dehnung, Emissivität
ϑ	Winkel
λ	Wärmeleitfähigkeit
μ	Verhältnis, Reibungskoeffizient
ξ	Faktor zur Berücksichtigung des Size-Effekts
π	=3.142
ρ	Dichte, Bewehrungsgehalt
σ	Spannung

Bezeichnungen

τ	Verbundspannung, nominelle Schubspannung
φ	Kriechzahl, Verdrehung
χ	Krümmung
ω	mechanischer Bewehrungsgehalt

Symbole

$\varnothing$	Durchmesser

Fusszeiger

Θ	innere thermische Schnittkräfte
C	Hohlkörper
E	Eigenspannung
F	Bruchprozess
HC	Hohlplatte
I	Haupt-
L	Litze
Q	äussere Last
R	Rippe, Widerstand
T	Gleitfertiger- oder Extrudierverfahren, thermisch
UF	Unterflansch
V	Querkraft
a	Baustahl
adh	Haftung
adm	zulässig
appl	aufgebracht
b	Verbund, Spaltzug
beam	Träger
c	Konvektion, Beton, Druck, Würfel, Fülltiefe in Hohlkörper
e	Überschreiten des starren Verbundes
ef	mitwirkend
eff	mitwirkend
el	elastisch
eq	Gleichgewicht
f	Biegeschub, Flansch
flex	flexibel
g	Gas
h	horizontal
i	instationär, i-ter Knoten
k	Kriechen, konstant, stationär, k-ter Knoten
m	Oberfläche, Mittelwert
max	maximal
o	oben
p	Spannstahl
pr	Proportionalitätsgrenze
r	Strahlung
res	resultierend
restr	volle Dehnbehinderung
rigid	starr
s	Standardabweichung, Bewehrungsstahl, Schwerpunkt, einbetonierte Länge im Hohlkörper
t	Zug, Zugfestigkeit, Schubzug, Oberflansch, quer, Zahn
th	thermisch
tot	total
tr	transient, instationär
st	stationär
u	Bruch, Versagenszustand, unten
up	horizontale Länge einer geneigten Bewehrung
v	Hebelarm der Gurtkräfte, vertikal
w	Steg
y	Fliessen, Fliessgrenze
0	Anfang, starr
1, 2,..	Kennwerte

Literatur

Abrishami, H.H., Mitchell, D.: Bond Characteristics of Pretensioned Strand. ACI Materials Journal, May-June, **1993**

Ackermann, G., Burkhardt, M.: Tragverhalten von bewehrten Verbundfugen bei Fertigteilen und Ortbeton in den Grenzzuständen der Tragfähigkeit und Gebrauchstauglichkeit. Beton- und Stahlbetonbau 87, H. 7 und 8, **1992**

ACI 318: Building Code Requirements for Reinforced Concrete. American Concrete Institute, Detroit, **1989**

Anderberg, Y., Thelandersson, S.: Stress and Deformation Characteristics of Concrete at High Temperatures. Lund Institute of Technology, Division of Structural Mechanics and Concrete Construction, Bulletin 34, Lund, **1973**

Al-Kubaisy, M.A., Young, A.G.: Failure of Concrete under Sustained Tension. Magazine of Concrete Research, Vol. 27, No. 92, **1975**

Becker, J., Bizri, H., Bresler, B.: Fires-T, A Computer Program for the Fire Response of Structures-Thermal. Fire Research Group, University of California, Berkeley, **1974**

Bachmann, H.: Stahlbeton I - Grundzüge des Stahlbetons und des vorgespannten Betons, erster Teil. Vorlesungsautographie, ETH Zürich, **1991**

Batschkus, H., Anderheggen, E.: Pyroman - Brandsimulationsprogramm. Projekt in Bearbeitung, IBK, ETH Zürich, **1997**

Birkenmaier, M.: Verbundprobleme bei Spannbett-Vorspannung. Schweizerische Bauzeitung, Heft 26, Zürich, **1977**

Bode, H., Stengel, J., Sedlacek, G., Feldmann, M., Müller, C.: Untersuchungen des Tragverhaltens bei Flachdeckensystemen (Slim Floor Konstruktionen) mit verschiedener Ausbildung der Platten und verschiedener Lage der Stahlträger. Universität Kaiserslautern (Fachgebiet Stahlbau) und RWTH Aachen, P 261, **1996**

Borgogno, W., Fontana, M.: Brandversuch an einer Slim Floor Decke. ETH Zürich, IBK, Stahl- und Holzbau, Interner Bericht 95-1, **1995**

Borgogno, W., Fontana, M.: Versuche zum Tragverhalten von Betonhohlplatten mit flexibler Auflagerung bei Raumtemperatur und Normbrandbedingungen. IBK Bericht Nr. 219, ETH Zürich, **1996**

Brenni, P.: Il compartemento al taglio di una struttura a sezione mista in calcestruzza a getti successivi. IBK Bericht Nr. 211, ETH Zürich, **1995**

Bryl, S., Frangi, T., Schneider, U.: Simulation von Modellbränden in Räumen. Schweizer Ingenieur und Architekt, Heft 15, **1987**

BS - British Steel: Summary of Data Obtained During Tests on Flange Plated Slim Floor Beams. BS476: Part 21 Fire Resistance Tests, Rotherham, **1993**

CEB: Shear and Torsion. Comité Euro-International du Béton, Bulletin d'Information No 126, Lausanne, **1978**

CEB: Contributions to the Design of Prestressed Concrete Structures. Comité Euro-International du Béton, Bulletin d'Information No 212, Lausanne, **1992**

Crespo, P., Rui-Wamba, J.: Pavillon of Discoveries. New Steel Construction, October **1994**

Csonka, P.: Über frei aufliegende Balkenreihen. Die Bautechnik, H. 4, **1958/1**

Csonka, P.: Verfahren zur Auswertung von Belastungsproben auf Decken. Die Bautechnik, H. 10, **1958/2**

CTICM: Essai de résistance au feu d'un élément de plancher précontraint. Essai No. 73 A. 210, Station expérimentale d'essais au feu, Maizières-lés-Metz, **1973**

CTICM: Résistance au feu des éléments de construction. Essai No. 93-G-127, Station d'essais CTICM, Saint-Rémy-lès-Chevreuse, **1993**

CTICM: Résistance au feu des éléments de construction. Essai No. 95-E-467, Station d'essais CTICM, Saint-Rémy-lès-Chevreuse, **1995/1**

CTICM: Résistance au feu des éléments de construction. Essai No. 95-E-533, Station d'essais CTICM, Saint-Rémy-lès-Chevreuse, **1995/2**

CTICM: Résistance au feu des éléments de construction. Essai No. 96-, Station d'essais CTICM, Saint-Rémy-lès-Chevreuse, **1996/1**

CTICM: Résistance au feu des éléments de construction. Essai No. 96-, Station d'essais CTICM, Saint-Rémy-lès-Chevreuse, **1996/2**

CUBUS: Statik-3 bzw. Cedrus-3 - Berechnung von ebenen und räumlichen Stabtragwerken bzw. von Stahlbetonplatten und -scheiben. Zürich, **1996**

den Uijl, J.A.: Das Verbundverhalten von Spannlitzen im Rahmen der Bruchmechanik. Deutscher Ausschuss für Stahlbeton, 29. Forschungskolloquium, Delft, **1994**

Diederichs, U., Schneider, U., Weiss, U.: Ursachen und Auswirkungen von Beton bei hoher Temperatur. Bauphysik, Heft 3, Berlin, **1980**

Diederichs, U.: Untersuchungen über den Verbund zwischen Stahl und Beton bei hohen Temperaturen. Technische Universität Braunschweig, iBMB, Heft 57, **1983**

Ehm, Ch.: Versuche zur Festigkeit und Verformung von Beton unter zweiaxialer Beanspruchung und hohen Temperaturen. Technische Universität Braunschweig, iBMB, Heft 71, **1986**

ENV 1991-2-2: Grundlagen des Entwurfs, der Berechnung und Bemessung sowie Einwirkungen auf Tragwerke - Brandeinwirkung auf Tragwerke. CEN - European Committee for Standardization, Brussels, **1996**

ENV 1992-1-1: Bemessung und Konstruktion von Stahlbeton- und Spannbetontragwerken - Teil 1: Grundlagen und Bemessungsregeln für den Hochbau. SIA - Schweizerischer Ingenieur- und Architekten-Verein, V162.001, Zürich, **1992**

ENV 1992-1-2: Design of Concrete Structures - Part 1-2: General Rules - Structural Fire Design. CEN - European Committee for Standardization, Brussels, November **1995**

ENV 1993-1-2: Design of Steel Structures - Part 1-2: General Rules - Structural Fire Design. CEN - European Committee for Standardization, Brussels, September **1995**

ENV 1994-1-1: Bemessung und Konstruktion von Verbundtragwerken aus Stahl und Beton - Teil 1: Allgemeine Bemessungsregeln, Bemessungsregeln für den Hochbau. SIA - Schweizerischer Ingenieur- und Architekten-Verein, V163.001, Zürich, **1994**

ENV 1994-1-2: Design of Composite Steel and Concrete Structures - Part 1-2: General Rules - Structural Fire Design. CEN - European Committee for Standardization, Brussels, October **1994**

FIP Recommendations: Precast Prestressed Hollow Core Floors. Fédération international de la précontrainte, Thomas Telford, **1988**

Fontana, M.: Slim Floor Verbunddecken. Festschrift 60. Geburtstag Prof. Dr. H. Bachmann, IBK, ETH Zürich, **1995**

Fontana, M., Borgogno, W.: Brandverhalten von Slim Floor Verbunddecken. Stahlbau 64, Heft 6, **1995**

Fontana, M., Borgogno, W.: Slim Floor Slabs - Fire Resistance and System Behaviour of Hollow Core Slabs on Flexible Beams. Engineering Foundation Conferences, Composite Construction in Steel and Concrete III, Irsee Germany, 9-14 June 1996, edited by ASCE, New York, **1997**

Franssen, J.M.: Etude du comportement au feu des structures mixtes acier-béton. Faculté des Sciences appliquées, Université de Liège, **1987**

Franssen, J.M.: Safir. Institut du Genie Civil, Université de Liège, **1995**

Girhammar, U. A.: Design Principles for Simply Supported Prestressed Hollow Core Slabs. Structural Engineering Review, Vol. 4, No.4, **1992**

Görhs, K.: Untersuchungen zu ausgewählten konstruktiven Problemen von Fertigteil-Hohlraumdecken im Brandfall. Technische Hochschule Leipzig, Fakultät Bauwesen, **1992**

Goto, Y.: Cracks Formed in Concrete around Deformed Tension Bars. ACI Journal, Vol. 68, No. 4, **1971**

Grob, J., Thürlimann, B.: Bruchwiderstand und Bemessung von Stahlbeton- und Spannbetontragwerken. Schweiz. Bauzeitung, H. 40, Zürich, **1976**

Haas, R., Meyer-Ottens, C., Richter, E.: Stahlbau Brandschutz Handbuch. Verlag Ernst & Sohn, Berlin, **1993**

Haksever, A.: Zum Relaxationsverhalten von Stahlbetonstüzen im Brandfall. Sonderforschungsbereich 148, Brandverhalten von Bauteilen, Arbeitsbericht 1981-83, Teil I, Technische Universität Braunschweig, **1983**

Heilmann, H.G.: Beziehungen zwischen Zug- und Druckfestigkeit des Betons. Beton 2/69, Düsseldorf, **1969**

Hillerborg, A.: Shear Strength of Reinforced Concrete Beams. Workshop on Applications of Fracture Mechanics to Reinforced Concrete in Turin 6.10.90, edited by A. Carpinteri, Politecnico Torino, **1992**

Hinrichsmeyer, K.: Strukturorientierte Analyse und Modellbeschreibung der thermischen Schädigung von Beton. Technische Universität Braunschweig, iBMB, Forschungsbericht Heft 74, **1987**

ISO 834: Fire-Resistance Tests - Elements of Building Construction - Part 1: General Requirements. International Organization for Standardization, **1995**

Kani, G.N.J.: The Riddle of Shear Failure and Its Solution. Journal of the American Concrete Institute, Proceedings V. 61, No. 4, **1964**

Literatur

Keuser, M., Mehlhorn, G.: Rechnerische Untersuchung des Verankerungsbereiches von Spannbetonhohlplatten mit Hilfe der FE-Methode. Gesamthochschule Kassel, Fachgebiet Massivbau, Nr. 15, **1990**

Kiang-Hwee, T., Lian-Xiang, Z., Paramasivam, P.: Designing Hollow-Core Slabs for Continuity. PCI Journal, January-February, **1996**

Kindmann, R., Bergmann, R., Cajot, L.-G., Schleich, J.B.: Effect of Reinforced Concrete Between the Flanges of the Steel Profile of Partially Encased Composit Beams. Journal of Construcitonal Steel Research 27, **1993**

Knoblauch, H., Schneider, U.: Bauchemie. Werner-Verlag, Düsseldorf, **1995**

Kordina, K., Ehm, H., von Postel, R.: Erwärmungsvorgänge an balkenartigen Stahlbetonbauteilen unter Brandbeanspruchung. Deutscher Ausschuss für Stahlbeton, Heft 230, Berlin, **1975**

Kordina, K., Meyer-Ottens, C.: Beton Brandschutz Handbuch. Beton Verlag, Düsseldorf, **1981**

Leonhardt, F., Walther, R.: Schubversuche an einfeldrigen Stahlbetonbalken mit und ohne Schubbewehrung zur Ermittlung der Schubtragfähigkeit und der oberen Schubspannungsgrenze. Deutscher Ausschuss für Stahlbeton, Heft 151, Berlin, **1962**

Leskelä, M.V., Pajari, M.: Reduction of the Vertical Shear Resistance in Hollow-Core Slabs when Supported on Beams. Concrete 95 Conference, Brisbane, Australia, 4-7 September, **1995**

Marti, P.: Verbundverhalten von Spanngliedern mit Kunststoff-Hüllrohren. Festschrift Prof. Dr. H. Bachmann zum 60. Geburtstag, IBK Publikation SP-004, Zürich, **1995**

Martin, H.: Zusammenhang zwischen Oberflächenbeschaffenheit, Verbund und Sprengwirkung von Bewehrungsstählen unter Kurzzeitbelastung. Deutscher Ausschuss für Stahlbeton, Heft 228, Berlin, **1973**

Mathcad: Mathcad PLUS 6 Professional Edition. MathSoft Inc., Cambridge, **1996**

Mejia-McMaster, J.C., Park, R.: Tests on Special Reinforcement for the End Support of Hollow-Core Slabs. PCI Journal, Sept.-Oct., **1994**

Migliacci, A., Avanzini, A.: Primi risultati di un'indagine sperimentale e teorica sulla distribuzione trasversale dei carichi in solai a pannelli prefabbricati. Estratto da Costruzioni in Cemento Armato, Studi e Rendiconti, Istituto di Scienza e Tecnica delle Costruzioni del Politcnico di Milano, Volume 8, **1971**

Morley, P.D., Royles, R.: Response of the Bond in Reinforced Concrete to high Temperatures. Magazine of Concrete Research, Vol. 35, No. 123/124, **1983**

Muttoni, A.: Die Anwendbarkeit in der Plastizitätstheorie in der Bemessung von Stahlbeton. IBK Bericht Nr. 176, ETH Zürich, **1990**

Noakowski, P.: Nachweisverfahren für Verankerung, Verformung, Zwangbeanspruchung und Rissbreite. Deutscher Ausschuss für Stahlbeton, Heft 394, Berlin, **1988**

Onken, P., Rostásy, F. S.: Wirksame Betonzugfestigkeit im Bauwerk bei früh einsetzendem Temperaturzwang. Deutscher Ausschuss für Stahlbeton, Heft 449, Berlin, **1995**

Pajari, M.: Shear Resistance of Prestressed Hollow Core Slabs on Flexible Supports. VTT - Technical Research Centre of Finland, Nr. 228, Espoo, **1995/1**

Pajari, M.: Shear Resistance of Prestressed Hollow Core Slabs on Beams - Summary of Projects FS and FSII. VTT - Technical Research Centre of Finland, RTE37-IR-4/1995, Espoo, **1995/2**

Pajari, M., Yang, L.: Shear Capacity of Hollow Core Slabs on Flexible Supports. VTT - Technical Research Centre of Finland, Nr. 1587, Espoo, **1994**

Park, R.: A Perspective on the Seismic Design of Precast Concrete Structures in New Zealand. PCI Journal, May-June, **1995**

Paschen, H., Zillich, C.: Tragfähigkeit querkraftschlüssiger Fugen zwischen Stahlbeton-Fertigteildeckenelementen. Deutscher Ausschuss für Stahlbeton, Heft 348, Berlin, **1983**

Pisanty, A.: The Shear Strength of Extruded Hollow Core Slabs. Materials and Structures, 25, **1992**

Popovics, S.: A Numerical Approach to the Complete Stress-Strain Curve of Concrete. Cement and Concrete Research, Vol. 3, **1973**

prEN 1168: Precast Prestressed Hollow Core Elements. CEN - European Committee for Standardization, Brussels, **1996**

Rehm, G.: Über die Grundlagen des Verbundes zwischen Stahl und Beton. Deutscher Ausschuss für Stahlbeton, Heft 138, Berlin, **1961**

Remmel, G.: Zum Zug- und Schubtragverhalten von Bauteilen aus hochfestem Beton. Deutscher Ausschuss für Stahlbeton, Heft 444, Berlin, **1994**

Richter, E.: Zur Berechnung der Biegetragfähigkeit brandbeanspruchter Spannbetonbauteile unter Berücksichtigung geeigneter Vereinfachungen für die Materialgesetze. Technische Universität Braunschweig, iBMB, Heft 80, **1987/1**

Richter, E.: Stannbetonbauteile unter Brandbeanspruchung - Versuche und theoretische Begleitung. Sonderforschungsbereich 148, Brandverhalten von Bauteilen, Arbeitsbericht 1984-86, Teil I, Band A, Technische Universität Braunschweig, **1987/2**

Rostásy, F. S., Laube, M., Onken, P.: Zur Kontrolle früher Temperaturrisse in Betonbauteilen. Bauingenieur 68, **1993**

Rostásy, F. S., Sager, H.: Beeinflussung der Einleitungszone der Vorspannkräfte in spannbettvorgespannten Balken durch erhöhte Temperaturen. Technische Universität Braunschweig, iBMB, Forschungsbericht, **1982**

Rostásy, F. S., Sager, H.: Hochtemperaturverbundverhalten von Beton- und Spannstählen. Schlussbericht des Teilprojektes B5, Sonderforschungsbereich 148, Brandverhalten von Bauteilen, Technische Universität Braunschweig, **1985**

Rostásy, F. S., Scheuermann, J.: Eigenspannungszustand in Stahl- u. Spannbetonkörpern infolge unterschiedlichen thermischen Dehnverhaltens von Beton und Stahl bei tiefen Temperaturen. Deutscher Ausschuss für Stahlbeton, Heft 380, Berlin, **1987**

Ruhnau, J., Kupfer, H.: Spaltzug-, Stirnzug- und Schubbewehrung im Eintragungsbereich von Spannbettträgern. Beton- und Stahlbetonbau, Heft 7 und 8, **1977**

Rui-Wamba, J.: Fire in the Pavillon of Discoveries. Project documents, Madrid, **1994**

Sager, H.: Zum Einfluss hoher Temperaturen auf das Verbundverhalten von einbetonierten Bewehrungsstäben. Technische Universität Braunschweig, iBMB, Forschungsbericht Heft 68, **1985**

Schneider, U.: Festigkeits- und Verformungsverhalten von Beton unter stationärer und instationärer Temperaturbeanspruchung. Die Bautechnik, Heft 4, Berlin, **1977**

Literatur

Schneider, U., Diederichs, U., Weiss, U.: Hochtemperaturverhalten von Festbeton. Sonderforschungsbereich 148, Brandverhalten von Bauteilen, Arbeitsbericht 1975/77, Teil II, B3-1/95, Technische Universität Braunschweig, **1977**

Schneider, U.: Ein Beitrag zur Frage des Kriechens und Relaxation von Beton unter hohen Temperaturen. Habilitation, Technische Universität Braunschweig, **1979**

Schneider, U.: Verhalten von Beton bei hohen Temperaturen. Deutscher Ausschuss für Stahlbeton, Heft 337, Berlin, **1982**

SIA 162: Betonbauten. Schweizer Ingenieur- und Architekten-Verein, Zürich, **1989**

Sigrist, V.: Zum Verformungsvermögen von Stahlbetonträgern. IBK Bericht Nr. 210, ETH Zürich, **1995**

Sigrist, V., Alvarez, M., Kaufmann, W.: Shear and Flexure in Structural Concrete Beams. IBK Sonderdruck Nr. 0009, ETH Zürich, **1995**

Spancrete: Floor or Roof Construction of Prestressed Concrete Slabs. Underwriters Laboratories Ins., **1958 und 1961**

Specht, M., Scholz, H.: Ein durchgängiges Ingenieurmodell zur Bestimmung der Querkrafttragfähigkeit im Bruchzustand von Bauteilen aus Stahlbeton mit und ohne Vorspannung der Festigkeitsklassen C12 bis C115. Deutscher Ausschuss für Stahlbeton, Heft 453, Berlin, **1995**

Walraven, J. C., Mercx, W. P. M.: The Bearing Capacity of Prestressed Hollow Core Slabs. Delft University of Technology, Heron Vol. 28, No. 3, **1983**

Walraven, J. C.: Size Effects: Their Nature and their Recognition in Building Codes. Politecnico die Milano, Studi e Ricerche, Vol. 16, **1995**

Weigler, H., Karl, S.: Beton - Arten Herstellung Eigenschaften. Verlag Ernst & Sohn, Berlin **1989**

Wiese, J.: Der Einfluss des Grades der Dehnbehinderung auf das Brandverhalten von Stahlbetonplatten. Sonderforschungsbereich 148 - Brandverhalten von Bauteilen, Arbeitsbericht 1984-86, Teil I, Band B, Technische Universität Braunschweig, iBMB, **1987/1**

Wiese, J.: Der Einfluss der Belastung auf das Brandverhalten von Stahlbetonplatten. Technische Universität Braunschweig, iBMB, Sonderforschungsbereich 148 - Brandverhalten von Bauteilen, Arbeitsbericht 1884-86, Teil I, Band B, **1987/2**

Yang, L.: Effect on End Notch on Shear Capacity of Simply Supported Prestressed Hollow Core Slabs - Numerical Experiments. Structural Engineering Review, **1996**

GPSR Compliance

The European Union's (EU) General Product Safety Regulation (GPSR) is a set of rules that requires consumer products to be safe and our obligations to ensure this.

If you have any concerns about our products, you can contact us on

ProductSafety@springernature.com

In case Publisher is established outside the EU, the EU authorized representative is:

Springer Nature Customer Service Center GmbH
Europaplatz 3
69115 Heidelberg, Germany

www.ingramcontent.com/pod-product-compliance
Lightning Source LLC
LaVergne TN
LVHW080116250326
834688LV00040B/1163